JN220826

THE MAGIC TEXT SKILLS
TO ATTRACT A WOMAN/WOMEN
TO YOUR LIFE

モテるメール術

SHIRATORI MAKI
白鳥マキ

ダイヤモンド社

はじめに

メールの書き方を変えるだけで、誰でもモテるようになる！

「お見合い歴10年でなんと60連敗中のアラフォー男性のAさん。メールでの返信方法を変えただけで、わずか1か月で年下美女とゴールイン！」

「高収入で美人なのに、縁遠かった30代の女医Bさん。お相手にかわいらしさをアピールするようメール返信の添削をするや、彼氏とよりが戻った！」

「職場の女性から恋愛対象外と言われ続けてきた20代男性のCさん。同僚の女性がミスしたときに、メールをうまく使って気遣っていたら、恋愛対象に昇格し、晴れて交際へ！」

「婚約破棄寸前に陥った崖っぷちアラフォー女性Ｄさん。メールのやりとり応酬方法を伝授したら、起死回生に成功！」

「仕事のしすぎで彼女イナイ歴8年の34歳のＥさん。メールでのフォローをうまくしたとたんに、複数の美人からつき合ってほしいと告白される！」

と、お客様の実績を簡単に紹介しましたが、私は、東京・名古屋・大阪に結婚相談所を経営しており、心理学を恋愛に応用した結婚コンサルタントをしています。

以前よりエステサロンを経営しておりますが、お客様から恋愛相談を多数受けるようになり、それならばと結婚相談所を開設したところ顧客が一気に増え、現在はありがたいことに半年待ちの方も。これまでに1万２０００人から相談を受けてきましたが、そのうち9割が交際成立、ご成婚された方は１０００組を超えました。

冒頭に紹介した方たちはほんの一例ですが、皆さんには共通項があります。それは「メール」です。メールとは、本書ではテキストの交換を指しますが、フェイスブック、ラインなどを含む、ＳＮＳから電子メールまで実に多岐にわたっています。

そのメール、少し書き方を変えるだけで、皆さん、幸せをつかむことができたのです！

デブで病気がちだった私が手に入れたモテる技術

なぜ、メールの書き方を変えるだけで、幸せをつかむことができるのか？

私の生い立ちを紹介しましょう。

私は父母弟の４人家族の長女として大阪・泉佐野市で生まれました。

小さい頃から体が弱く、小児喘息で入退院を繰り返し、室内でお絵かきしたり絵本を読んでばかりいる子どもでした。

小学生になると父の影響もあり、本を読むのがもっと好きになり、毎月20冊以上の本を近所の図書館で借りて読むという生活で、数えてみると子どもの頃に３０００冊を超える本を読んだのではないかと思います。そして、この経験が、私自身のメールを磨くきっかけになったのです。

当時、喘息のクスリの副作用から体重が小学6年生で70キロ、見た目も最悪、立派なデブになってしまい、内気な性格のためにクラスメートからのいじめに遭うほどでした。そんな私も年頃になり、同じ部活をしていたカッコイイ同級生に告白したのですが「太っているから友だちにしか思えない」とフラれ、異性とも思ってもらえない、まったくモテない悲しい人生を送っていました。

そのときに助けになったのが、交換日記や文通での文章力でした。「マキは会っているときよりも日記のほうがかわいいね」と言われ、複雑な心境になったことを覚えています。

文章力に自信があった私は、誰もが知っている大手電機メーカーに新卒採用のエントリーシートを上手く書けたため見事入社。入社後に、「なぜ私を最終選考で残したのですか?」と聞いたら、人事の責任者のSさんが、君のエントリーシートが一番熱意が伝わって良かったからと言われたのです。文章で将来が決まると確信した出来事でした。その後、化粧品セールスの会社に入り、同僚たちから「まったく同じ商品を売っているのに、なぜこれだけ売上が変わるのか?」と言われるほどのセールスを上げましたが、理由は、お客様へのお礼状やメモ書きの文章、送るタイミングといった、狙った相手を必ず落とすためにはどう書けばよいかなど、いつも考えて使える文章力を磨き続けたからでした。

現在、私はエステサロンの経営と、結婚コンサルタントという仕事をしていますが、幼い頃から身につけたメール術は今ではインターネットの拡大で効果絶大、本当に役に立っています。

メール術があると、人生はうまくいく。いろいろな分野でメール術を身につける必要性はありますが、特に恋愛や結婚においても力を発揮します。その効果をぜひ皆さんにお伝えしたいのです。

今日からすぐに使えて、明日には結果が出る恋愛メールテクニック

本書では、結婚コンサルタントとして1万2000人のお客様とのやりとり実績から編み出した、「モテるメール術」を紹介していきます。

主に異性にモテることを主眼として綴りました。今すぐ使えるテクニックが満載ですので、ぜひ気になるところから読んで、メールを送るときの参考にしてください。

また、独身・未婚の方が異性にモテるために使えるだけではありません。本書のテクニックを使ってメールの書き方が変わると、ビジネス面では、上司や同僚にかわいがられるようになります。

既婚者の方は、パートナーの親などの反応が変わりますし、友人やご近所の方がたとのやりとりもスムーズになるでしょう。

そして、その先には冷え切った夫婦関係さえもうまくいくようになって、結果的にセックスレスも回避できます！

20代を中心とした世代の7割が、恋人がいないなどというニュースを見かけますが、この技術を使えば、若者の恋愛離れ、熟年離婚の危機消滅、少子化問題の解決など、男女間のあらゆる問題を解決できます。人生がうんと楽になるエッセンスがぎっしり詰まった1冊となっています。

本書を読んで、「モテるって簡単で楽しい」と改めて感じてもらえたら嬉しい限りです。

本書の流れは、つき合う前から交際中の各ステージまでを想定した構成になっています。第1章では、なぜモテるメール術を使うと、異性から好かれるのかを説明します。

そして、第2章では気になる相手をデートに誘う方法から、次のステップにつなげる方法を紹介します。

第3章では相手から好きになってもらう方法やアクシデントをうまく利用してグッと距離を近づけるワザを伝授します。

第4章は、これまでの技術を応用したちょっとハイレベルの技術です。これをマスターすれば、2人の関係が劇的に変わるでしょう！

冒頭から読んでも、途中気になるところから読んでも、すぐに使えるテクニックを紹介しています。


皆さんは何気なく、日常的にメールを送っていると思いますが、これまで誰かにメールの上手な書き方を教わったことがありますか。ましてや、モテるためのメールの書き方を教えてくれる人が今までいたでしょうか？

男女ではメールの受け止め方の違いが大きいという、メールの基本でさえも知らない方が多いのです。そんな基本から応用に至るまで、余すことなく紹介しているので、読んで参考にしてぜひ、楽しい恋愛ライフをつかんでください！

モテるメール術　目次

第1章

なぜ「モテるメール術」を使うと、確実に異性から好かれるのか？……21

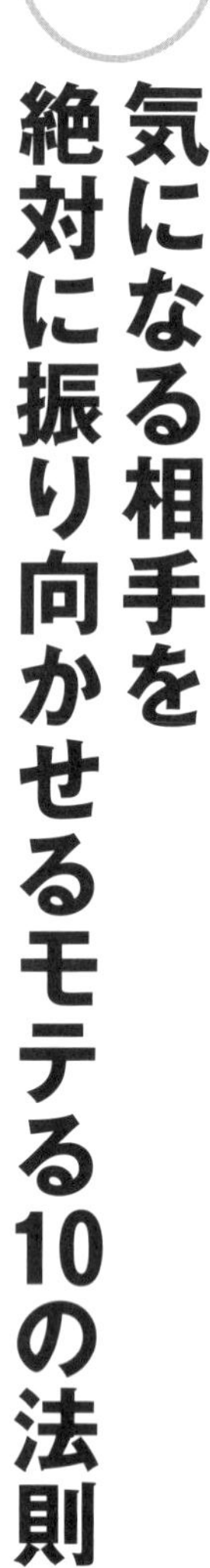

第2章 気になる相手を絶対に振り向かせるモテる10の法則

最初のやりとりで大事な「3つの恋の接着剤」

第3章

「また会いたい」と言われるほどの最強の伝え方

「会いたい」と思わせる「気遣いクエスチョン法」

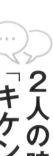

第4章

2人の関係が劇的に変わる究極の書き方

なぜ「モテるメール術」を使うと、確実に異性から好かれるのか？

書き方を変えるだけで、モテる人生に変わる！

「お金」と「見た目」のせいでモテないは大間違い？

モテるメール術の基本は、相手を喜ばせることをモットーに！

ここ数年でクライアントからの相談内容が変わってきました。

「メールの返信が来ない」
「メールが続かない」
「メールで怒らせちゃったみたい」

など、恋愛の相談中はメールの添削教室のようです。

どんなイケメンでも美女でも、メールが下手だと選ばれません。逆に、イケメンや美女でなくても、メールが上手な人はたちまちモテますし、夜の誘いまでスムーズにいけるのです。

まずイケメンや美女、お金持ちに人気が集まるのは当然のことです。でも、残念なことに、顔は変えられませんし、肉体を改造するのには時間とお金がかかります。お金持ちになるのはなおのこと大変です。

ただ、**メールでの返信方法を変えるだけで、あなたも今すぐモテ人生を手に入れる**ことは簡単なのです。

自分は「カッコよくない」と決めつけて、「どうせダメだ」と思いこんでいる人こそ、挽回のチャンスです。

メールのやりとりで**最もお伝えしたいことは、「相手を喜ばせることをモットーに！」**です。

言葉のプレゼントをたっぷりと相手に捧げましょう。

メールにお金はたいしてかかりませんし、スキマ時間を使っていつでも送ることができるので、やらない手はありません！

メールで喜ばせて、心と体の満足度アップ

私が経営するエステサロンには、会員が約5000人います。正直なところ、エステサロンのレベルはどこも差がありません。お客様から選ばれるサロンとは、言葉のかけ方（言葉かけ）、お客様へのフォロー、思いやりのコミュニケーションで差がつくと、経営者として実感しています。

選ばれるには、相手を喜ばせることが大切だということです。

ちなみに、メールの文章力が上がるとセックスもよくなる、という声をたくさんいただ

きました。

エステサロンと同様、技術面ではもう差がつかないです。だから、セックスのテクニックを磨くよりも、メール術を磨くほうが、はるかに簡単ですぐに効果が出ます。


心を開いてもらわないと、どんなテクニシャンでも相手を感じさせることはできません。メールでいい言葉をかけ続けていると、心をつかむことができます。そして、あなたからのメールを目にしただけで、メールの文字が相手の身体中をかけめぐり、悦びを与えることだって可能なのです。

デートの前から文章で愛撫して盛り上げれば（女性に対しての最高の前戯になります）、もう！　女性も気持ちがノッてきます。そしてデートの後のアフターフォロー（後戯）をすれば、さらに満足度も高まります。メール術の向上は、婚姻率上昇、少子化ストップにもつながると、私は真剣に思っています。


カップルになったり結婚したりするまでには、何度も会うプロセスが欠かせないもの。

もちろん、会うのが一番ですが、忙しい現代人にとって実際にデートを何回も重ねるのは時間とお金のロス。ここでは心理学でいう、「ザイアンスの単純接触効果」を利用しましょう。

これは、接触の回数を重ねることで親しさが増す、という効果です。実際にデートするのも「1回」、メール1通も「1回」、とカウントされるのなら、メールを使わない手はありませんよね。

ちなみに「あんな美女がなぜ？」というカップルをたまにお見かけしますよね。私のクライアントにもいましたが、メールのマメさが成功の要因でした。

さあ、モテるためのメールの書き方を、結婚コンサルタント白鳥マキが伝授します！　テキストのスキルアップで、ステキな異性、そしてステキな人生をゲットしましょう。

POINT

お金、顔、学歴関係なし！
誘う成功率はあなたのメール次第で変わる。

「電話」と「対面」「メール」、どこを重視すればいいの？

テキストを制した者が恋愛を制することができる時代になった

どうしてメール上手が恋愛の勝者になれるのか？

それはコミュニケーションを取り巻く社会環境が大きく変化したからです。かつては手紙や書面でやりとりしなければならなかったことが、今やメールで即時に伝えることが常識となっています。

悠長に手紙でやりとりしていては、ビジネスチャンスも、恋のチャンスも逃してしまいます。ある意味忙しい時代となりましたが、**上手にメールを使いこなせるようになれば、仕事も恋愛もうまくいく時代が到来した**のです！

たとえば、ほんの15年ほど前まで、ビジネスにおいてメールでお礼を伝えることは非常識にあたり、失礼とされてきました。

でも、今やメールで伝えるのが常識、前提となっています。なかには、退職の意向までメール1通ですませる若者も出てきたとか……。さすがに行き過ぎた面もありますが、メールの優位性はコミュニケーションを取るうえで、揺るぎない地位を得ています。

また、家族や友だち、人同士のやりとりも、電話よりメールのほうがお金もかからないし、時間も気にしなくてよい点などから支持されていますよね。

ドコモがiモードを発表して携帯電話でメールが頻繁にやりとりされるようになったのが1999年。さらに2010年頃からスマートフォンが普及し、誰もが簡単にテキストを送り合うようになりました。

たとえ直接その場では連絡先の交換をできなかったとしても、相手のフルネームを知っていれば、フェイスブックなどを利用して相手にメッセージを送ることができます。

メールアドレスも、フリーアドレスならば意外と簡単に教えてもらえますし、ラインのIDなどはブロックできる機能があるからか、簡単に聞き出すことができます。さまざまな媒介から、テキストを送って仲を縮められる時代になりました。

リアルと文章を組み合わせるのが真のコミュニケーション上手！

メールの時代が来たからといって、万能ではありません。これまでのツールと組み合わせて使うことでパワーを発揮します。

たとえば、コミュニケーション上手は、電話で話をしたいときに、

「今から電話してもいい？」

とメールをします。

それだけで、相手への気遣いを感じさせることができるうえに、両者ともに話す内容を事前に準備することもできて、お互いの時間を無駄遣いせずにすみます。

先ほどメールで退職の意向を示す若者の例を出しましたが、今はメールで告白するのも普通の時代です。グイグイ押した者が勝ちます。

ビジネスでも見込み客のメールアドレスを集めて、メールを送ってフォローして、お客様に育てていきます。百発百中なんてあり得ません。１００通のメールを送って、ひとり

でもつながればいい世界です。

直接訪問販売していては1日に数軒しか回れず、電話でも1時間に数本しか話をすることができなかったのに、メールだと数百、数千の人に対して、一度でメッセージを送ることができるんですよ、しかもほとんどタダ同然のコストで。

こんなに便利で楽しいメールですが、上手に使えないとストレスの源になってしまいます。私が相談を受けてきたなかで、皆さんがメールで悩んでいるポイントはたった2点です。

1. 相手から返信が来ない

2. 相手を怒らせた

この2点の事態に陥ると、メールが悩みの種になるし、人間関係にも大きな影響を及ぼします。本書を読めば、相手を怒らせない、好かれるメールを送れるようになることをお約束します！

一度知ってしまえば、二度と悲しい思いをせずにすむようになります。メールの基本術がわかれば、人生はうまくいきますよ。

「気になる人と話をしたい」「関わりを持ちたい」「相手のことをもっと知りたい」場合に、メールは非常に役に立ちます。

つき合うまでの入り口や関係をつくっていくまでの場面、そして信頼を深めていく、どのステージにおいても、メールの力を借りればうまく進めていくことができます。

ですから、結婚したい人、デートに誘いたい人に対しても、臆せずにどんどんメールしちゃいましょう。

最後に残る人は、ひとりでいいんです！

恋愛の世界では途中でやりとりが途絶えることが大前提なので、将来につながる「見込み客」は多いに越したことはありません。

断られて上等！　落ち込んでいる時間はもったいないですよ。デートにつなげることを最優先して、どんどんメールを送ってみましょう。

POINT
いろいろなツールと文章を組み合わせて、恋愛の成功率を上げちゃいましょう。

メールを送るのに注意する点を教えて！

話し言葉をそのまま文章化しない。愛想のないメールには「感情」を盛って！

「恋愛のスタートは文章から」とお話ししてきましたが、文章が下手な人がやりがちな失敗と、すぐに使える対処法をお伝えします。

あなたはメールを送るときに、話し言葉をそのまま書いていませんか？　先ほどの「2.相手を怒らせた」の原因の一つがまさにこれです。

実際に対面で話すときには、声のトーンや表情、状況などが補完してくれるからいいんです。でも、メールでそれをやってしまうと、相手への情報が足りなさすぎて、思わぬ誤解を生みがちになります。

たとえば、「わかりました」という言葉。しぶしぶ受諾しているのか、心からの同意なのかどっちにも取れちゃいます。そこでおススメしたいのが、「⤴」「⤵」のように矢印だけでもいいので「感情」を付け足すということ。

「わかりました⤴」
↓「上機嫌で受け止めましたよ」という気持ちを込められる
「わかりました⤵」
↓「本当は納得できないけど、やるしかないから了解します」というニュアンスを加える

このマーク一つで受ける情報量がだいぶ変わったこと、おわかりいただけましたか？省略してしまうと誤解を生むもとです。

メールなどで発する言葉は、受け取る側が誤解を持たないように、なるべく**丁寧に情報が伝わるようにすることがここでのポイント！** でも、説明しすぎるのも×。ハショりすぎるのも×。

相手が絶対にプラスに受け止めてくれる場合なら構わないのです。でも私がメールのアドバイスをするようになってからわかったことは、「8～9割の人が受け取ったテキストに対して自分が批判されてるかも」と、とらえがちなことです。

たとえば、メールで**「約束の時間に間に合う？」**という短い言葉が投げかけられたとします。なんと十中八九、

「あなたのことが心配だよ」（優しさ）
ではなく、
「遅刻？　ちゃんと来るの？」（疑惑）
と受け止めてしまいます。

対面で話していたら起こらない行き違いが、テキストでは起こってしまうと肝に銘じてください。だから、感情のスタンプや絵文字、マークを足して、思いが伝わるようにひと工夫が必要です。相手が解釈するときに迷わせないようにする、それがメール上手への一歩です。

とにかく相手が応えやすいように、「フット・イン・ザ・ドア・テクニック」を使おう

さらに、相手が応えやすいように、心理学でいう「フット・イン・ザ・ドア・テクニッ

ク」を使うとうまくいきます。

フット・イン・ザ・ドア・テクニックとは、相手の心の動きを利用して説得するテクニックの一つで、ここで紹介するのは、相手が認めやすい提案をメールで投げてそれに承諾したら、ちょっとずつオプションをつけるやり方です。

この手法は私がエステサロンで化粧品の営業をしていたときに実証済みです。まず無料サンプルをお渡しします。受け取ってもらえたら、次は「お試し価格３００円！」といって体験をしてもらう。次回は３０００円の商品を買ってもらい、次は３万円のコース、そして最終的に年間30万円コースの契約をしてもらうという方法です。

一般的に最初から大きなお願いをすると、相手は警戒して、なかなかＹＥＳの返事をしてくれませんが、段階的に何回か小さなお願いを聞いてもらって、相手の警戒心を解いていくと、ある程度大きな要求でも〇ＫしてしまうものなのAです。

ここで大切なのは、とにかく相手が応えやすい小さなお願いを含んだ会話を投げかけて、相手の対応を見て次々とステップを進めることです。

まずは導入部。無料サンプルに相当する部分としては、願望と好意を伝えることから始めましょう。

「昨日楽しかった。またメールしたいな」
「○○さんって面白いから、また会いたいな」
「時間があったら、もっと話したかったな」

ここで大切なのは、**相手からあなたに対して、好意的な返事が来ているかどうか**です。いい返事が返ってきたのを確認して、何回か好意を伝えるメールをしたら、お試し価格300円レベルに進めます。ここでは、**行動の前ふりになる「質問」をします。**

「そういえば、このあいだ、友だちと映画の話をしていたんだけど、○○さんは映画館派？　DVD派？」

イベントがらみや季節の話題だと相手は応えやすいでしょう。そして、「映画館派」と返事が来たとします。さらに、**次につながる質問を相手にします。**

「映画館で映画を観るんだ！　俺もそっち派！　今、何がおススメ？」

相手のことを根掘り葉掘り聞いては怖がられてしまう可能性が高いので、自分の話をしてから、相手に質問をしましょう。**最後に、決め手になるのが行動を起こす質問です。**

「そうなんだ、俺も最近観に行けていないな。じゃあ、今度一緒に観に行かない？」

返信のレスポンスが早くなり、一つの質問で会話が弾むような段階に進んでいれば、「あなたと一緒に行動したい」といった内容のメールを投げかけてもいいでしょう。そして、アフターフォロー。

「この前は映画楽しかったね！　ただ、時間がなくて、ご飯を食べられなかったから、今度食事行こうか？」

相手との信頼関係が築け、安心できる対象とみなされている雰囲気になっている状態です。親密さをより深める会話を切り出しましょう。

このように、関係が深まっていくのを確認してから進めていけばいいのですが、不思議なことに「無料／お試し」級から「30万円コース」級の会話を投げてしまう人が多いんです。

「○○さん、昨日楽しかった。2人でご飯行かない？」

どうでしょう？　いきなり親密度を詰めるメールを送ると、女性は怖がります。

こんな間違いはしないでしょ、と思っている方でも、「無料／お試し」級から「3万円コース」の会話をする方はかなり多いのです。

相手から返事も来ないのに、どんどん会話のレベルを飛び越えてメールをしても、ドン引きされるだけです。なので、自分が「飛び越えメール」をしてしまっていないか、メールを出す前にチェックしてくださいね。そうすれば、早い段階で先走って残念な結果になることを避けられますよ！

メールのやりとりが増えていくと、いい人間関係がつくれます。だから、接触回数を増やして、こちらの要求を少しずつ段階を踏んで受け入れられるように意識してメールしましょう！

ちょっとズルいやり方ですが、効果的です。

POINT

小さなお願いをしながら少しずつ応えてもらうようにすると、会えるチャンスにつながる！

外見がイケメンでも美人でもうまくいかない人がいるのはなぜ？

外見さえよければうまくいく時代は終わった！メールが上手なら「見た目」なんて関係ない

外見がイケてる人はもちろん最初は注目を集め、有利です。「見た目が9割」と言われていた時代はそれでよかった。でも、メールなどみんなが手軽に文章をやりとりするようになってから、テキストのやりとりが巧みな〝メールイケメン〟の地位が上がったと感じることはありませんか？

女性と話をすることに苦手意識を持っていて、面と向かって誘うのは恥ずかしい……と諦めていた人でも、テキストが使いこなせればうまくいく時代なのです。

だって、**女性は自分に優しい言葉をかけてくれる男の人を待っている**ものだから。

シャイでどちらかというと自分に自信のもてなかった男性にも、テキストの力を使えば、楽しい恋愛が待っています！

女性の方には申し訳ないですが、正直に言うと、美人は不美人に比べて圧倒的に有利です。だって男性は女性を顔で選びがちだから。

でも、なかにはお世辞にも美人ではないけれども、抜群のメール術で、何人もの男性を手玉に取ったメール美人な方もいます。

メールの力ってあなどれないですよね。

メール力を磨いてこなかった非モテ美男美女。女性には「そうだねメール」でたちまち改善

先ほど「美人は圧倒的に有利」とお伝えしましたが、美人でもテキスト力が低いために縁遠かった方がいます。

本書の冒頭でご紹介した30代の美人女医のBさん。彼女は美人で仕事もできる、そして自分で何でも解決してしまうのに慣れすぎていたのが問題でした。

こんなに完璧なのに、「甘えられない女」ってモテないんです。だから、Bさんへは「困っ

たことがあったら、自分で解決してその結果を伝えるのはビジネス的には正解。でも、男女間では0点」と伝えました。

女性は気持ちに寄り添ってほしいので、「そうだね」と言ってくれる寄り添いメールが何よりですし、男性は、一番カッコよくいたいし、女性に頼られたいんです。だから、Bさんには、「疑問形で甘える作戦」を伝授しました。

たとえば、デートをキャンセルする場合、

「今日は時間が取れなくなりました。ごめんなさい」

という用件メールを、

「ごめんね。今日は仕事のせいで時間が取れなくなっちゃった。どうしたらいいかな？」

と、甘えるようにアドバイスしました。

ちなみに、男性の場合は、

「仕事のせいで時間が取れなくて、悲しい思いをさせてごめんね」

と、女性の気持ちに寄り添う感じにするとよいです。

どうにかしてあげたくなる気持ち、わかりますか？　これで相手の男性は彼女を愛おしむ気持ちが高まったそうで、このメール指導から1か月で結婚が決まりました。

POINT

メールで相手を振り向かすには、女性の気持ちに寄り添いましょう。

モテるメール術の法則を知れば、恋愛偏差値が上がる

本当に好きなのに嫌われてしまうのはなぜ？

なぜかいつも既読スルーで終わってしまう……正しい文章とモテる文章は違います！

送ったメールへの返信が来ない、いわゆる既読スルーされることへの悩みごとが、私へ寄せられる相談ごとのなかで最も多いとお伝えしました。

「好きなのにどうして嫌われてしまったんだろう？」「どこがいけなかったんだろう？」と多くの方が悩んでいます。

返事が来ないのを待つ時間、本当につらいですよね……。

自分のメールって、既読スルーで終わっちゃうことが結構あるなと気づいた方、何件あるのかを数えてみましょう。

既読スルーが3つ以上あれば、あなた側に原因があって、相手が面倒に感じて会話をやめてしまっていると自認してください。

既読スルーされてしまうことが多い方のやりとりを見せてもらうと、既読スルーになる3つ前のコメントにヒントがあることを発見しました。


A（女性）：昨日嫌なことがあったの。

B（男性）：今日は俺残業なんだ。

C（女性）：そうなんだ、大変だね。

D（男性）：大変だよ。ねえ、今度遊ぼうよ？

E（女性）：（既読スルー）

既読スルーになった場合、多くの方が直前のDでデートに誘ったことがいけなかったのかと悩みます。でも、問題はDにはありません。その2つ前のBでの発言からすれ違いが起こっているのです。この場合、Aの女性の嫌なことがあったことに対して何も答えていないのが問題です。

だから、既読スルーを解消したければ、Bから仕切り直して、Aの言葉を受け直すところから再開してください。

女性が必要としているのは、共感の言葉や肯定してもらう言葉です。単なる状況報告のやりとりや、お説教・問題解決の方策ではありません。

相手が欲しがっている言葉を投げかけるためにも、相手の言っていることをきちんと取りこぼさずに受け止めてください。相手がつらいときはつらそうな気持ちでメールを返す、悲しいときは悲しんでいる絵文字を返信すれば、相手の態度は変わり、再び会話のラリーが元通りになります！

「正しい文章」と「モテる文章」は違います。

たとえ用件や自分の主張が入っていても、相手への思いやりや気遣いが欠けているようならば、それは独りよがりで自分勝手なメールです。

相手のことを大切にしているという態度をメールで出さなければ今後も既読スルーされ

てしまいます。

あなたのメールの偏差値はいくつ？「文章＋感情」で、「モテるメール」に変身！

では、ここであなたのメール偏差値をチェックしましょう。
いよいよ初デート、場所は渋谷のカフェ。時間は午後４時。
あなたならどんなメッセージを送りますか？

「渋谷のカフェだけど、午後４時にちゃんと来られる？」

文章的にはおかしくはありません。でも冷たいと受け止められることを覚悟してください。命令形に勘違いされてもおかしくない。これは偏差値40。

「渋谷のカフェに午後4時だけど、ちゃんと来られる？　心配だからさ」

文末にメールを出した理由として、**相手を気遣う言葉がプラス**されました。これならば、既読スルーされることはありません。でもまだまだ普通、偏差値50レベル。

「渋谷のカフェに午後4時だけど、ちゃんと来られる？　心配だからさ。普段はこんなこと言わないけれど、〇〇さんだから」

これです！　さらに**「あなただけ特別」**というメッセージが加わりました。**正しい情報＋感情＋特別感**、この3つがそろえば、既読スルーされることはありません！　偏差値60～70の域です。

特に女性は特別感に敏感です。これは種の本能ですね。男性は元来、野性の本能で多くの女性にアタックするようになっていますが、女性はひとりからしか受けられない身体のつくりになっています。私だけを特別に扱ってほしい、大事にされたいんです。

心理学では「ハード・トゥ・ゲット法」というのですが、私にとってあなたは特別だと印象付けることで相手をいい気持ちにし、相手の自己重要感を刺激することができます。女性に使える手法なので、ぜひ覚えておいてください。

ちなみに、男性に使えるのが「あなたのことを尊敬しています」というメッセージ。男はいつだって尊敬されたいもの。狙った男性へは、細やかに尊敬の念を表しましょう。きっとうまくいきますよ。

POINT

モテるメールとは、文章に感情と特別感を加えたもの。そうすれば、既読スルーはされなくなる！

お見合い60連敗がついに終止符！　何が彼を変えたの？

10年間お見合いしてきてダメだった彼がたった1か月でゴールイン！

冒頭にも登場しましたが、10年間あちらこちらの結婚相談所を渡り歩き、60連敗していたアラフォー男性Aさん。雰囲気は悪くなく、見た目もいたって普通の方です。ご職業は幼稚園の先生で、お子さんから絶大な人気を得ていました。でも、大人の女性からは驚くほど不人気。

「メールの既読スルーに悩んでいる」と来られたAさんのスマホを見てその原因がわかりました。

メールで相手の気持ちを踏まえた返事になっていないんです。きれいさっぱりスルーして、送るメッセージは自分の言いたいことばかり。これでは、お相手に安心感も信頼感も与えられるわけがありません。

女性は、話を聞いてほしいんです！

意味のある言葉のやりとりが重要ではなく、**「私という存在が、相手に確かに受け止められている感」が大切**なんです。

彼は相手の隠れた気持ちを文章から読み取るのが苦手なようでした。しかし今さら、「小学生の国語の読解問題からやり直してこい！」とも言えません。

そこで、レスキュー対策として出したものが、「そっくりコピペ法」。相手からもらったメールをコピペして、自分の言葉を加えるだけです。

「そっくりコピペ法」で彼女からの信頼をゲットできる

たとえば、

「昨日も残業でした」

と女性からメールをもらったら、普通の感覚であれば、

「お疲れさまでした」

とねぎらいの言葉が出てきますよね？

でもAさんにはそれができないのです。ですから、

「Wさん、昨日残業だったんだね」

と、送られてきた女性の文章をほぼコピーして、返事してもらいました。

するとこれだけで既読スルーがすぐに止まりました。それどころか「私のことをきちんと受け止めてくれる」と思ってもらえたそうで、やりとりが続くようになったそうです。

その後も、

「つらかった」→**「つらかったんだね」**

「面白かったの」→**「面白かったんだね」**

と、ひたすら「そっくりコピペ法」に徹してもらいました。そして、ついに「そっくりコピペ法」に加えるアレンジが上達したAさんは、栄えある1勝を手にすることができたのでした。

相手の気持ちを汲むことができない人は、「そっくりコピペ法」を使ってみてください。

この方法は、心理学でいう「ミラーリング効果」を使っています。相手の言うことを真似することにより相手に親しみをもたれる、というものです。
聞いてくれている、受け入れてくれている、言ってほしい言葉をそのまま返す。そう、コピペするだけで何とかなるんです。

POINT

相手の心がつかめないと悩むなら、相手の言葉をコピーするとうまくいく。

相手の気持ちが「会いたい」に変わるには？

最後に笑うのはメールのマメ男・マメ子。相手の心のフォルダに入り込もう！

1日に人が物事を考える回数は6万回と言われています。そんななか、意中の人があなたにメールを返すという行動をしてもらうためには、相手の心のフォルダに入り込む必要があります。そして優先順位が高くなければなりません。

返事をもらうのも大変なことなんです。メールを送ってもらうには、1日のなかで自分のことを考えてもらう時間をつくってもらえるような存在になっていなければなりません。相手の日常生活の一部になれれば、当たり前のようにメールが送られてきますし、会いたいと思ってもらえるようになります。

すでにお伝えしていますが、人は繰り返し接することで好意度や印象が高まるものです。ですから、相手の心に留まりたければ、何度もメールを送って記憶に入り込むのが吉。最後に笑うのは、コツコツタイプのマメ男、マメ子です！

ここで注意してほしいのがメールの内容です。相手との会話を続けたいあまり、質問型のメールを送ったとします。質問への答えが戻ってくるので、メールの回数は増えます。でも、相手にとって負担になっていないか、必ず思いやりをもって臨んでくださいね。

質問される側にとっては、答えるのに時間が取られるし、ずっと質問されていると、面倒くささを通り越して、「これって尋問？　なんか怖いし気持ち悪い」と不気味に思われるリスクも大いに含んでいるのです。

メールが途切れないことを喜んでいるのは自分だけで、相手の都合も気持ちも考えられない行為は、そのうち既読スルー、いや、ブロックにつながりかねません。

質問攻め、大ざっぱすぎる質問はNG。「自分の意見＋質問」で楽しい会話ラリーを

文章下手にありがちなのが、返事の後に相手への質問をいきなり持ち出すという行為です。

文章上手な人は、返事の後に、自分の意見をクッションとしてはさみ、そして相手への質問、という段取りで進めます。これだと質問に対して答えやすいし、返そうという気にもなります。

嫌われる質問がほかにもあって、大ざっぱすぎる質問は「答えようがない」という理由でスルーされがちです。

×「最近どう？」

○「遅くまで仕事をしているみたいだけれど、最近どう？」

×「忙しい？」

○「忙しそうだけど、体調崩してないかな？」

というように、ねぎらいの言葉を足すと、返事がもらいやすくなります。

「何を聞きたいんだろう？　どんな答えを返せば正解なんだろう？」と相手に考えさせて

しまうような質問はもうやめましょう。

「元気？」

と聞きたければ、

「最近暑いけれど、夏バテしていない？」

という具合に「自分の意見＋質問」で尋ねると、後回しにされることなく、返事がもらえますよ。

質問攻め、大ざっぱな質問は既読スルーのもとです。お忘れなく。

POINT

質問メールは取り扱い注意！
自分の意見を出してから、質問してみよう。

最初はよかったのに、だんだんメールの間隔があいてきちゃって……

相手を不快にさせるメールはこれだ！相手との距離感無視の「距離感ゼロメール」

悪い方ではないのですが、メールをするたびに知らず知らずのうちに相手を不快にさせる悲劇の人・Yさん。ご多分に漏れず既読スルーに陥ってしまうことを悩んでいました。

Yさんのスマホを見せてもらってわかったことは、

「彼が距離感無視のメールを送って、相手を怖がらせてしまうタイプである」

「何回かメールのやりとりをしただけで、すぐに馴れ馴れしい口調」

「プライベートな質問の集中砲火をしてしまいがち」

の3つでした。

Yさんは相手とメールが続いていることに舞い上がってしまって、だんだん相手がドン引きして、フェードアウトしていくことに気がつけなかったのです。

そんなYさんへは、相手の文章の文体や雰囲気に合わせて返信するようにアドバイスしました。**敬語で来たならば、敬語で。カジュアルな言葉遣いになってきたら、自分もカジュアルさを交ぜて、**です。

たとえば、女性から来た
「Yさん、先日はありがとうございました。ごちそうさまでした」

というメールに対して、

「Kちゃん、ありがとうね！　何がおいしかったかな？」

と返したとします。


2人の温度差をおわかりいただけますか。これでは、相手から馴れ馴れしい人とマイナスのイメージを持たれてしまうおそれがあります。

この場合は、

「Kさん、こちらこそありがとうございました。あの店は何を食べてもおいしいのですが、どのお料理が口に合いましたか？」

といったふうに若干フォーマルさを出すと相手も安心です。

この文体の差で起こる悲劇は、年配の男性が年下の女性とメールをやりとりするときに頻繁に起こっています。メールを交わしているうちに、男性側が「ここからはタメ口で！」と伝えたとしても、若い女性にとっては急に変えるのが難しいものです。どう対応すればいいのか返事を迷っているうちに、そのままやりとりが滞ってしまうことも。

基本的に、**男性が女性の文体に合わせてあげれば間違いありません。**オシャレや服のレベルを相手にそろえるのは大変ですよね。でも、メールの口調やトーンをそろえるのはさほど難しくないでしょう。愛情を深めるために頑張りましょう。

相手のメールに合わせて、相手が答えやすい環境をつくってあげるのが大人のたしなみです。

相手に送るメールはギフト。「鏡の法則」で相手を喜ばせよう

言葉は相手へのギフトです。心理学で「鏡の法則」というものがありますが、雑な言葉を送ると、雑な言葉が返ってきます。相手が冷たいなと感じるときは、あなたのメールにも冷たさがあるものです。

逆に、大切な思いを込めれば、相手もこちらを大切にしてくれる気持ちを見せてくれます。テキストになった言葉は、口に出す言葉と違って、手元に残ります。

ですから何度も見返すことが可能です。

その送った言葉が、人を喜ばせるものなのか、それとも人を傷つけてしまうものなのか、いつも相手へプレゼントを送るつもりで、丁寧に書いてください。

上手に伝わっているか、相手が喜んでいるかの判断は、

「メールの返信のなかに『嬉しい』『楽しい』『感謝している』の言葉が含まれている」

「返事のタイミングが早くなる」

「相手から質問してくる」

などがあります。

この兆候が出てきたら、うまくいっていると判断してもよいでしょう。

人気ドラマ「半沢直樹」（ＴＢＳ系）で、「倍返しだ！」というセリフがありましたが、心理学に「返報性の原理」というものがあり、人は他人から何らかの施しを受けたら、お返しをせずにはいられない心理状態になります。

相手を喜ばせる嬉しい言葉が倍になって自分に戻ってくるんです。ステキな言葉のプレゼント、あなたもたくさん使ってくださいね！

POINT

メールの口調は相手に合わせて、喜ばせる言葉のギフトを贈ろう。

男性と女性ではメールの受け止め方が異なる。あるべき姿を演出できればゴールは近づく

これまで男女の違いを紹介しながら、**メールがいかに女性の気持ちをつかむのに適しているか**をお見せしてきました。

メール全盛の今、上手に使いこなせれば実際に会う回数が少なくても親密で濃密な関係をメールのやりとりだけで築くことができます！　しかし多くの相談を受けてきて痛感したのが、メールのやり方を知らない人があまりにも多いという点です。

何気なく日常でメールを使っている現代人たちですが、これまで誰かにメールの上手な書き方を教わってきていないのが現状です。

男女ではメールの受け止め方の違いが大きいということさえも知りません。これでは、せっかくメールをしても無駄打ちで、既読スルーやブロックを招いてしまうことでしょう。

1万2000人を指南してきて、効果のあったモテるメールの基本は次の7つです。

1. とにかくメールを送る（打たないと始まらない）
2. メールの返信の有無に落ち込まず、勇気を出して書いて（恥はかいても死にはしない）
3. 相手を喜ばすことをモットーに！（それさえ忘れなければ何とかなる）
4. 女性は肯定される、男性は尊敬されるのが好き！（間違いない！）
5. 過去形ではなく、未来形で文章をつくる（楽しかった過去より楽しそうな未来！）
6. 女性は比較して褒めてあげる。男性はオンリーワンで褒める（ココ、気をつけて！）
7. 女性はアドバイスより共感、男性は意見より相談で（好感度200%上昇します！）

具体的な使い方は、各章で紹介していきます。さあ、モテるメールのノウハウをゲットして、楽しい毎日を送ってください！

POINT

男女での感覚の違いを理解して、7つの基本を押さえれば、モテモテになる日は近い！

まとめ

書き方を変えるだけで、モテる人生に変わる！

- メールの基本は、相手を喜ばすこと
- メールの優位性を利用して、リアルと文章を組み合わせる
- 話し言葉をそのままメールにしない。感情を付け足すこと
- 小さなお願いから始めて、少しずつステップを進める
- 女性には気持ちに寄り添うメールが効果的

モテるメール術の法則を知れば、恋愛偏差値が上がる

- 女性は自分に優しい言葉をかけてくれる人を待っている
- 女性は共感の言葉や肯定してもらえる人を必要としている
- 相手のメールをコピペして、返信すればうまくいく
- 質問のメールは自分の意見を添える
- メールの口調は相手に合わせる
- 男性と女性ではメールの受け止め方がまったく違う
- モテるメールの基本
  1. とにかくメールを送る
  2. メールの返信の有無は気にせず、書く
  3. 相手を喜ばすことをモットーに！
  4. 女性は肯定される、男性は尊敬されるのが好き！
  5. 過去形ではなく、未来形で文章をつくる
  6. 女性は比較して褒めてあげる。男性はオンリーワンで
  7. 女性にはアドバイスより共感、男性には意見より相談がいい

気になる相手を絶対に振り向かせるモテる10の法則

メールを書くときにやってはいけない「4つのルール」

文章が長い人はモテないのはなぜ？

長いメールは丁寧という勘違いをやめよう。返信するのが面倒になってしまう

長いメール＝「丁寧メール」と勘違いしていませんか？

相手への気持ちがいっぱいだと、ついついメールが長くなってしまうことってありますよね。でも、相手も毎日忙しいので、極力負担にならないよう心がけましょう！

長い文章には、長い返事をしなければならないという心理が働きます。値段の高いプレゼントをもらったら、それと同じレベルのプレゼントを返さないと、と考えたことがある人ならわかると思います。

これは「好意の返報性」と呼ばれていて、人は好意を向けられると、それを返したくなるという習性があります。

相手への好意がいっぱいで、長いメールになってしまう気持ちはわかります。でも、相手がやりとりする対象はあなたひとりだけではありません。

仕事関係や友人へ「要返信」のメールを毎日のようにたくさん抱えています。あなたから来た長いメールに対し、長いメールで返したい思いはあっても、まだ関係ができてない場合は、長いメールを返すのが面倒くさくなることもあります。

返信が短いと手抜きしたようで、あなたへ申し訳が立たないと相手に感じさせてしまうようであれば、それは負担でしかありません。

メールはわかりやすく、ほどよく短くで脱・時間泥棒になろう！

好きな相手にこんなメールを送っていませんか？

「○○さんって、△△料理が好きって言ってたよね。今度行けるかな？　でも忙しいか……。ディナーは難しいと思うけれど、ランチなら行けそうかな？　どう？」

長いし、何が言いたいかわかりにくいです！　相手の状況を考えた思いやりに満ちたメールとは受け取られません。短くわかりやすく書きましょう。まどろっこしいメールを送ると、相手にも長いメールを書かせる羽目になり、時間がかかって仕方がありません。

もちろん相手がどんな人かわかるようになるまでは、ある程度の丁寧さを示すのは礼儀です。でも、言葉のキャッチボールが始まったらテンポよく短いメールを投げあいましょう。

「そうだったんだ！　それって○○だよね。僕は知らなかったんだけど、どうやって、それを知ったの？　雑誌とかテレビ？　それとも本だったり？　すごいこと知ってるよね」

↓**「なるほど！」**

「わあ、僕なんかが誘ってもいいのかわからないけど、たまには、電話やメールや会うのなんかもできたら嬉しいな。あっ、無理だったら気にしないでいいし」

↓

「大丈夫なら、連絡してもいいかな？」

「本当に？　とても嬉しい。楽しみ！　○○ちゃんってすごく優しいよね。僕がこういうのが好きなのをわかるセンスって最高かも！　僕こういうの好きなんだ」

↓

「（スタンプ）＋（短めのひと言）。こういうの好きなんだ！」

本心を隠すために文章を長くすると、情報がバラけてしまい、結局相手に伝わりにくくなってしまうのです。余計な情報は省きましょう。

相手が答えやすい状況を用意すれば、ＹＥＳを引き出しやすくなります。

POINT

長いメールは丁寧ではない。短くして言い換えてみよう。

これって、やっぱりモテない人の口ぐせですか？

メールの使用厳禁ワードに注意！ネガティブな決めつけはタイミングを逃す

誰でも口ぐせがあります。無意識のうちに口から出て、テキスト化してしまうものですが、受け取った相手がマイナスの気持ちになってしまうキーワードがあります。

誰しもがやってしまいがちな例を挙げます。どこがいけないのか、考えてみてください。

男性「今度4人で食事に行くんだ。一緒に行かない？」
女性「ごめんなさい、その日は忙しくて」
男性「やっぱり、美人なIちゃんは忙しいよね」

「やっぱり」というマイナス感情を含んだ決めつけ語の破壊力を、おわかりいただけますか？

これでは相手も返信のしようがありません。やりとりは途絶えてしまいます。相手との関係を一瞬で凍えさせてしまう「やっぱり」は使用厳禁です！

ではこの場合、どうすればよかったのでしょうか？

ＯＫメールは、

「残念！　了解です。また誘っていいかな？」

となります。どちらが返信しやすいかは一目瞭然ですね。

メールで出てくる「やっぱり」の後には、否定語が続きがち。

「やっぱり無理なんだ」「やっぱり俺なんかダメだよね」

そして、このマイナス語たちが、無意識のうちに現実化してしまうのです！

「一応」という言葉も、日常的によく使われていますよね。しかし、ネガティブワードなんです。相手から誘われたり、頼みごとをされたりしたときに使うとどうなるのか、見てみましょう。

「今度の土曜日、空いてる？」

「まあ一応空いているけど」

「この前お願いした件、そのままでいいかな？」

「一応、それでやってみます」


いかがでしょう。乗り気ではない、不満をもたれているように感じませんか。

結局やるのであれば、楽しくやるほうが精神衛生上いいでしょう。それなのに、「一応」を入れただけでこんなに不満感たっぷりに……。これでは相手と楽しい関係を築くことはできません。「一応」もメールでは使わないようにしましょう。

「既読スルー」と言わず「既読サンキュー」と考えてみよう

コミュニケーションにおいて、最も傷つくのが無視されるという行為です。ですから、メールコミュニケーション上でも、既読スルーされると自尊心が傷つきますよね。

「私はあなたの存在を認めない」「私のコミュニティに入ってこないで」と思われたのかと落ち込むことありませんか？　既読スルーで悲しむ方が多くいらっしゃいます。

でも、既読スルーされたら、それで関係終了ではもったいないですよ。「既読スルー」されてもいちいち気にしないで、**目を通してくれたことへの感謝「既読サンキュー」をし、読んでくれてありがとうの気持ちをもちましょう。**

メールのやりとりがあるというだけで、そもそもマイナス感情を抱く間柄ではありません。自信をもってください！

もし下手なメールを投げてしまって既読スルー状態に陥っても、くじけずに次の話題に移ればいいんです。**プラスの言葉を投げれば、プラスが返ってくるもの。**プラスの言葉を送れていれば、相手にとって「この人はいい人だ」というポイントが貯まります。これを、心理学で「ラベリング」と言います。

たとえメールが途切れても、前向きなメールを返信していると、相手があなたは元気な人、明るい人、頑張ってる人などプラスのラベルを貼ってくれるのです。

「ありがとう」「大丈夫」「嬉しい」「楽しい」「頑張る」などの、プラスのメッセージを入れて、メールをつなげてください。

何度もお伝えしていますが、やりとりの数が大切です。プラスのメッセージを送り続けて、いい人ポイントをゲットして、本当の「好い人」になりましょう。

POINT

「やっぱり」「一応」などの口ぐせに注意して、プラスのメッセージを投げかけてみよう。

誤解されやすい人に共通した文章って？

相手に何でも選ばせようとしてはダメ。カッコイイ男性のあなたを演出しよう

初デートを控えた損保会社勤務の男性Tさん（38歳）。気持ちがウキウキしていて、相手にデートプランの相談をしていたのですが、そのうち返事が滞ってしまい、私に相談に来ました。メールを見せてもらうと、

「ねえねえ、Mちゃん、食事何を食べたいの？」
「どこに遊びに行く？　行きたいところに行くよ！」
「今度のお休みは何をしたい？」

と、ずっとこの調子。Tさんが相手に気を使える優しい男性と思った方は、要注意！

残念ながら、これではモテません。

こんなメールをしてくる男性とデートしたい気持ちになる女性は、ほぼ皆無です。一見、女性に気を使っているようにも見えます。でも、相手に何でも選ばせて自分が楽をしようとするのはNGです。相手の願いを叶えてあげることで気遣いを見せるつもりが、自分が嫌われたくないという思惑が見え見えです。

優しすぎるだけの男性に、女性は魅力を感じません。

男らしさ、オス感を感じさせなければ、女性を振り向かせることはできません。

女性は男性に頼りたいんですよ！　そして甘えたいし、尊敬したいんです。どんなイケメンでも、主体性の欠けた依存心の強いタイプと思われてしまったらモテません。では、どうすればいいのでしょう？

「ねえ、Mちゃんに食べてもらいたい和食のお店があるんだ。行かない？」
「俺、Mちゃんと海に行きたいんだ」
「今度の休みにドライブしない？」

いかがでしょうか。答えやすいし、行動へ促すワードも入っています。そして頼れる感がきちんと伝わってくるでしょう。

女性はデートを3回断るものと腹をくくろう。10回は断らないから、NOを気にせず誘って

今度は、無理強いしない優しい男がモテると勘違いしたパターンです。

男性「今度デートしようよ」
女性「ちょっとその日は難しいかも」
男性「無理しないでいいよ、また今度ね」

これでは女性は、「誘っておいてすぐに手を引くなんて、私じゃなくてもよかったのでは？」と思います。さらに、「なんだ本気じゃなかったんだ」とか「誰でも気軽に誘ってるんだ」と勘違いします。

女性からモテて、恋人候補のオスとして見てもらうには、いい人ではなくて、刺激的な人である必要があります。少々強引なぐらいに押してください。

というのも、女性は「ＯＫするまでに何度か断ったけれど、それでも誘って訴えてきてくれた」事実が欲しいんです。

ですから、３回は普通に断られるものと思ってください。でも、諦めることはありません。５回、10回と誘えばメールが続いている限り、根気で何とかなります。ダメならとっくにブロックされますから大丈夫です。

この女性の行動は、男性には理解できず面倒くさいことでしょう。

女性側の心理としては、何度も断ったのに、それでも相手が誘ってきたという、周りと自分に対する「歴史と言い訳」が必要なんです。

ＯＫした後で自分や周りに対して、理由ができるし、自分を安売りしなかった、と自尊心を保てます。

女性は３回断ってくるもの、と肝に銘じましょう。そして**何度も誘うことをおススメ**します。

デートに誘うときには強引な押しが必要と言いましたが、振り向かせたい最初の段階で、さらに「安心、安全」な面をアピールするとうまくいきます。

男性「今度デートしようよ」
女性「翌日仕事が早いので、帰りが遅くなると困るから難しいかも」
男性**「それなら時間を早めにして、遅くならない感じはダメ?」**

この**「諦めない＋気配り」**で、上手に提案してみてください。

POINT

相手に依存しすぎない。
断られても諦めないで、気配りをもって接しよう。

男性は知らない、女性が喜ぶと思っている文章が実は嫌がられている!?

誰にでも使える褒め言葉は×。オリジナルな情報を盛ろう

振り向いてほしい女性にメールするときに、相手を喜ばせようと思ってダイレクトに褒め言葉を送るのはハードルが高いです。ここでも女性のややこしいツボを理解しているかいないかで、ウケがまったく違ってきます。まず、褒めようとしてやりがちなミスがこちらです。

「ヒカルちゃんって優しいね」
「仕事がよくできるんだね」

こうした誰にでも当てはまってしまう褒め言葉は、相手に響きません。
私は以前、化粧品のセールスで1日100件訪問販売していたときがありました。先輩

販売部員から渡されたマニュアルには「とにかく相手を褒めて懐に入り込め！」と書かれていました。これも、下心ありの褒め言葉です。

それで「○○様は、きれいですね／若く見えますね／明るいですね」と、女性相手に言ってみたけれど、まったく売れません。○○を**誰に置き換えても使える言葉は、女性にとっては褒め言葉ではない**と、そのときに気がつきました。

「どうせ社交辞令でしょ」「お愛想でしょ」と、女性は聞き流してしまいます。女性を褒めるには、その人だけに当てはまるオリジナルな言葉や情報を入れるのが必須と心がけてください。

× 「優しいよね」

○ 「飲み会で体調の悪い子を看ていて優しいよね」

× 「かわいいね」

○ 「かわいいだけじゃなく、中身もしっかりしてるよね」

×「スマホカバーいいね」

○「スマホカバーのセンスいいね。なんか○○ちゃんらしいね」

メールで褒めるときは誰にでも当てはまる言葉になっていないか、よく確認してからメールをしましょう。相手の受け止め方が変わって、少し意識してくれるようになります。

相手を喜ばせようと脳内シナリオを完成させず、予想外の展開にも落ち着いて対処を

相手とのデートを取り付けるために練った自作のシナリオに酔って、ひとり盛り上がっていたのに、いざ相手にメールしてみると想定外の展開になり慌てる、そんな流れで勝手に失恋する男性をよく見かけます。

相手を喜ばせたい気持ちからプランを練るのはステキですが、ガチガチに決めつけると、自爆してしまいます。

46歳エリート企業在勤の男性Jさん。小柄で小太り、天然パーマがコンプレックスで、見た目のせいでモテないと思い込んでいます。そんな彼がデート前にやりとりしようと練っていたメールのシナリオがこちら。

男性「今度デートに行こうよ」
女性「わあ、行きたいです」
男性「フレンチを予約したよ」
女性「フレンチ大好きです！ 楽しみ」
男性「じゃあ、東京駅八重洲北口で」

ところが、実際にしたやりとりが、

男性「今度デートに行こうよ」
女性「え！ デートですか」
男性「フレンチ予約するよ」

女性「フレンチは堅苦しいから苦手かも」
男性「東京駅八重洲北口集合で、ほかの料理でも！」
女性「その日は横浜で会合があるので、また今度」

自分の想定した問答と異なったことで、パニック状態になったJさん。相手との会話がかみ合うことなく、結果メールのやりとりはそれきりに。自分のシナリオと異なったため、「俺は嫌われたんだ。女は難しい」と、Jさんは言っていましたが、本来いろいろな反応があるから会話は楽しいのです。

人生もメールも予測不可能。勝手にシナリオをつくり込むタイプは、「相手の返事まではコントロールできない」と覚えておいてください。

相手の返事が想定外だったとしても慌てないで、

「そうなんだ、じゃあ、こうしない？」

と、切り替えしてみてください。

ちょっとずつ仲良くなることを基本にした会話を楽しむのがコツです。

POINT

相手を喜ばせようと、誰にでも使える褒め言葉や、ガチガチに決めたメールの案内はやめよう。

好きな相手から共感を得られる「3つのスイッチ」

伝え方によって明暗を分ける質問の仕方とは？

モテない人がついついやりがちな「だからどうなの？」メール

思ったことをそのままメールで書いてしまうこと、ありませんか？　でも、安易なつぶやきメールは自分の首をしめかねません。メールをもらった方がどんな気持ちになるか、ここで見てみましょう。

「今日も寒いね」
「満員電車、大変だよ」

「給料前は金欠でキツいよ」
「最近、うちのワンちゃん調子が悪いの」

まだ好意がわいていない段階で、異性からこんなメールが来たとしても、「だからどうなの？」と思うのが正直な反応です。

メールは独り言ではありません。相手がいるから成立するものです。

返事に困るようなメールばかり送っていては、この人は「危険人物」というレッテルが貼られてしまうおそれがあります。

「仲良くなりたい」と接触回数を増やすためにメールをしているはずが、かえって敬遠される結果を招いたのでは本末転倒です。相手に「だから何？」「答えにくいな」と感じさせるメールになっていないか、送信前に読み返してくださいね。

相手にメリットがあるようにアピールすれば返信率はグンと上がる！

相手に質問した後に、驚異的に返信をもらえる秘策を教えます。55ページでは、質問するときには、自分の意見を入れてとお伝えしましたが、さらに確度が高くなる方法です。

方法は、メールの文中に、**「相手にとってのメリット」**と**「質問の意図のダメ押し」**を入れるだけです。

これを「メリット質問法」と言います。女性は現金な点があります。質問に答えれば、自分が好きそうなおいしいものを食べられそうだとか、ご馳走してもらえそうな雰囲気をメールから読み取れれば、返信率は驚異的に上がります。やり方ですが、

「自分が知りたいことをいきなり質問しない」
「なぜこの質問をするのか理由を入れる」
「この質問に答えると相手にとってどんなメリットがあるかを伝える」

以上3点です。

具体的には、こうです。

×「花火大会行かない？」

○「友だちのマンションのベランダから花火大会が見られるんだって。今度グループで集まるんだけど、一緒に行かない？」

「理由」と受け入れたときの「メリット」がハッキリ伝わると、女性が変に警戒することなく返事をすることができます。事前に入れられる情報を伝えれば、信頼感はさらに増します。

同じように、

「コンサート行かない？」

よりも、

「完売のコンサートのチケットをもらったんだ、一緒に行かない？」

のほうがベター。
相手の返事が「いいね！」だった場合は、さらに「メリット質問法」でダメ押し！

「映画の後に、〇〇ちゃんが前に話してくれたスイーツを食べに行こうよ？」

と、さらに誘いかけます。
相手の態度があいまいだった場合には、相手が望む方向に微調整していけば、ＯＫに近づけます。「メリット＋質問」を繰り返して、相手からＹＥＳを勝ち取るまで粘り強く交渉しましょう。
ちなみに、相手の喜びそうなことを先にリサーチしておくと、成功確率はアップします。親しくなるまで跳び越えなければならないハードルは多いですが、頑張りましょう！

POINT

「だから何？」と感じさせるメールはやめて、メリットと質問の意図をたっぷり入れて聞いてみよう！

同じことを言っているつもりなのに、なんで他の人だと反応がいいの？

モテる人は主語が「I」。モテない人は主語が「YOU」

短いメールでも、好感のもてるメールとそうでないメールがあります。それを簡単に見分ける方法はいたってシンプル。

文章の主語が「私」なのか「あなた」なのかがポイントです。

自分を主語にすると自己主張が強いと思われたり、ワガママに見られてしまわないかと心配したりする方もいるでしょう。でも、メールで見てみると、同じことを言っているつもりでも、どちらを主語にするかでずいぶんと印象が異なります。

「(あなたは)どうして遅刻するの？」

「(私は)あなたが遅刻するのがイヤ」

「（あなたは）何で最近構ってくれないの？」

「（私は）あなたが最近構ってくれないので寂しい」

いかがですか？　「私」が主語になっている場合は相手の気持ちがスッと伝わってきますが、「あなた」が主語になっている場合、詰問されているように感じませんか？

最近、熟年離婚が増えていますよね。私も仕事で離婚歴のある方とお会いすることが多いのですが、離婚してしまうカップルに頻出するフレーズが、この「ＹＯＵが主語」の文なのです。

「どうして（あなたは）気遣いができないの？」
「どうして（あなたは）片付けられないの？」

素直に**「（私は）あなたに気を使ってほしい」「（私は）あなたが片付けてくれたら助かる」**と伝えればすむ話なのです。

承認欲求を利用して メールで心地よい関係をつくろう

人は誰しも「相手に認めてほしい」という承認欲求を持っています。ですから、「○○なら嬉しい」というメッセージには、応えたくなるもの。

仕事で忙しいカップルがケンカするときに飛び出すであろう、男性にとってやっかいな質問である「あなたは私のことが大事じゃないの？」「私と仕事、どちらを取るの？」でさえ、Ｉを主語にすればいいのです。

「あなたは私のことが大事じゃないの？」

↓

「（私は）私のことを大事にしてほしいな」

「私と仕事、どちらを取るの？」

↓

「仕事が大事なのはわかる。でも（私は）私のことも大事にしてほしい」

伝えたい内容は同じなのに、前者ではわからずやの詰問で面倒に、後者はかわいくて大事にしたい気持ちになるという恐ろしいレトリックです。「I」を主語にして本音を伝えれば人生は生きやすくなります！

男性も、

「おまえのそういうところが嫌いだ」

ではなく、

「（俺は）おまえのそういう点を直してくれたら嬉しいな」

とすればいいのです。

ほかにも、

「（おまえ）この服を着ろよ」

ではなく、

「（俺は）この服がおまえに似合うと思う」

としたほうが、願望は通りやすくなります。

相手に注意をするときも、

「どうしてそんなことをするんだ？」

ではなく、

「俺はおまえを応援しているからしてほしくないな。仕事ができるのにもったいないよ」

と言い換えれば、聞くほうも素直に受け止められます。

カップルの間だけでなく、あらゆる人間関係で使える、主語が私の「Iメッセージ」、ぜひ使ってみてください。

POINT

主語を「あなた」から「私」に変えるだけで、本音を伝えやすくなり、願望が通りやすくなる。

モテる人に共通する書き方があるって本当？

「ア・イ・サ・レ」テクニックで幸せを感じてもらい、好きになってもらおう

先ほど、「やっぱり」「一応」などのネガティブな印象を与えてしまう言葉の話をしましたが、それとは反対に、使うことで相手が喜んでくれる言葉もあるので、紹介していきますね。その前に、私が考える恋愛の基本3か条をお話しします。

1. 相手を喜ばせる

2. 相手にメリットを与える

3. 相手に幸せを感じてもらう

これまで1と2はすでにお話ししてきました。ここでは3のテクニックについて詳しく紹介します。

相手が幸せに感じるには、「ア・イ・サ・レ」テクニックが有効です。「ア」はありがとう。「イ」はいいね。「サ」はさすが。「レ」はレスポンス。今すぐ使える簡単テクニックです。

・ア：「ありがとう」を文末に加えて感謝を示す

「飲み会楽しかったね」

↓「飲み会楽しかった。ありがとう！」

「旅行を計画してくれたんだね」

↓「旅行を計画してくれたんだね。ありがとう！」

「ありがとう」を加えるだけで、嬉しい気持ちが格段に伝わるようになります。人は感謝されるとお返ししたくなるものなので、さらに楽しいやりとりが続くこと間違いなし！駅やコンビニのトイレに貼られている「トイレをきれいに使ってくれてありがとうございます」もこのテクニックですね。

・イ：「いいね」で相手を承認してみせる

たとえば、「横浜に行きたいな」とメールが来たとします。ここでは「どうして横浜？」と思ったとしてもグッと堪えて、**「横浜！　いいね！」**と返信しましょう。

最初から相手を拒否すれば、それで会話が終わってしまう可能性が大です。メールのやりとり中に行き先は変更できますが、相手のやる気を失わせたらそこでやりとりは終わってしまいます。

人はYESのサインを出してくれる人を好きになるもの。だから、どんどん「いいね！」で相手の提案を受け入れましょう。フェイスブックが世界で爆発的に流行ったのも、「いいね！」という言葉があったからです。

フェイスブックユーザーの方は心の底からの「いいね！」ではなくても、とりあえず「いいね！」を押すでしょう？　その感覚でいけば、いい雰囲気をつくれますよ。

・サ：「さすが」で尊敬のまなざしを向ける

メールをするときにぜひ使ってほしいのが、「さすが」です。男性は女性からモテたい、女性は男性から大切にされたいという気持ちでいっぱいです。上手にくすぐりましょう。

「レストラン予約したよ」

×「いつ予約したの?」

○「さすが○○さん、行動力あるね!」

「昨日、カゼひいたけど会社に行ったよ」

×「大丈夫?」

○「さすが! 頑張るよね。でも大丈夫?」

・レ:「レスポンス」は駆け引きせず、24時間以内に

メールの返信タイミングが上手な人はモテます。間(ま)(時間)を味方にしてください。

メールを寝かしておいてわざとゆっくり返信するという方がいますが、今すぐその考えは捨てましょう。放置すると、あなたの存在も忘れ去られます。

恋愛の世界では、出会って3日以内にアプローチするのが鉄則です。それ以上放置されれば、脈なしと判断されます。**もし気になる人からのメールであれば、24時間以内に返信してくださいね。**成功率が上がりますよ! 軽い人だなんて誰も思いませんので安心してください。

たとえば、「明日夕方から空いてますか？」とメールをもらっていたとします。すぐに返信すれば会うチャンスがあったのに、1日以上放置してから、あなたが「すみません、今メール見ました」では、話になりませんよね。

YESでもNOでも、相手のことを思いやってなるべく早く対応しましょう。**メールを早めに返したほうがチャンスは広がります。**メール放置は、自分でチャンスを棒に振る行為です。私から言わせれば、ビックリするほどもったいないので、今日からやめてくださいね。

即レスがいいと言いましたが、相手の返信がないのに、実況中継のように連続して返してしまうのはNGです。落ち着きのない、面倒くさい人に見えてしまいます。

「明日、15時に会える？」の質問に対して、数分ごとにこんなメールが来たら、どう思いますか？

「え！　明日ですか」→「急ですね」→「スケジュール確認してみます」→「わあ、難しいかも」→「迷ってます。明日じゃないとダメですか？」……。

この場合は**「スケジュールを確認しましたが、明日は難しいです。他の日はいかがで**

しょうか？」でスッキリ伝わりますよね。

POINT

「ありがとう」「いいね！」「さすが」を使って24時間以内に早めのレスポンスをしよう！

最初のやりとりで大事な「3つの恋の接着剤」

相手が自分に好意をもっているかどうかを知りたいときは?

相手から返信が来なくても勝手に悪いほうへ妄想しないで

何だかんだ言っても、メールでも出会いでも第一印象は大切です。最初に悪い印象をもたれると、挽回するのは難しいもの。最初に好印象を与えられれば、事はうまく運ぶので、最初こそ相手に細心の気遣いを見せましょう。

ところでメールをやりとりしているときに、一番知りたいことは、相手が自分に好意をもっているかどうかですよね。

そして、本気なのかを確認したいと思っているのに、なかなか言い出せずに、悪いほうへと妄想を膨らませる経験をしたことがある方も多いでしょう。

特に、メールの返事が来ないときは、相手の気持ちが確認できないため、自分ひとりで悪いほうに解釈してしまう、心理学でいうところの「妄想性認知」に陥りやすいのです。

メールを送って返事が来ないので、確認のため次のようなメールを送ると、最悪です。絶対にやってはいけません。一発で嫌われます。

✖「もう寝ちゃったの?」

✖「なんで返事してくれないの?」

✖「メール送らないほうがいい?」

✖「もう会わないほうがいいよね?」

✖「年上の女って鬱陶しいかな?」

同じ気持ちを送るにしても、93ページで紹介した主語に私を入れる「Iメッセージ」に変えるだけでかわいげが出てきます。

○「寝ちゃうと寂しいな」
○「返事が欲しいな」
○「メールしてもいい？」
○「また会いたいな。いい？」
○「年上だけど、好きでいてほしいな」

次へつなげたいのであれば、×の例は絶対に送っちゃダメです。

お願いごとで相手の好意を確認しながら相手に好きになってもらう方法

人は誰かを助けると、助けた相手を好きになる性質があります。

心理学の「認知的不協和」というもので、好意を抱いていない相手を助けると、自分の行動に矛盾が出るため、矛盾を解消するために「あの人を好きだから助けた」と、自分の行動と意識を補完する心理が働きます。

これを応用して、ごくごく簡単なお願いをしていくことで、相手の好意を測ることができます。

最初は、**「コピーお願いしてもいい？」**くらいのお願いでいいんです。

これがOKならば、ステップアップして**「手伝ってくれたから、今度ご馳走するよ」**と、誘ってみましょう。もし「夜はちょっと……」と返されたら、相手の本気度もそこまでということ。その場合、**「そっか、夜は難しいよね。じゃあランチは？」**と、相手の返事に合わせて受け入れてもらえそうな要求を投げかけていきましょう。受け入れてくれる要求が一段深まれば、相手が一段深く好きになってもらったと思っていいです。

この策のいいところは、**相手の好意を測れると同時に、相手が自分のことを好きになってくれる**ところです。

ですから好きな人にはたくさんお願いごとをしてください。

POINT

最初に印象をよくすれば、事はうまく運ぶ。お願いごとをすればするほど、好きになってもらえる。

本命に近づくために気をつけないといけない言い回しって？

男性は男性らしく、お兄ちゃんになってリーダーシップを発揮！

男性は男性らしく、女性は女性らしいほうが、わかりやすくてモテます。
でも、男らしく見せるためにカッコつけるなんてできない……そんな考えの方におススメなのが、「お兄ちゃん」になりきってしまうトレーニング、略して「兄トレ」です。
そして、女性はそんなお兄ちゃんに甘える妹になりきる「妹トレ」です。バカバカしいと鼻で笑わないでください。効果てきめんな策なんですよ。

たとえば、お兄ちゃんになって、かわいい妹にご馳走をする場合、何と声をかけるでしょうか？

「（兄ちゃんが）うまいもの食わしてやるからな」

「今度おいしいご飯のお店に行きませんか？」に比べて、頼りがいがアップしたことが伝わるのではないでしょうか？

ほかにも**「頑張りすぎるなよ」「ちゃんと寝ろよ」「無理するなよ」「慣れないことをするなよ」**――お兄ちゃん目線で語るだけで、優しさや責任感、リーダーシップを示すことができます。男性におススメの兄トレ、年上の女性にも有効です。どんな年上の女性でも男らしいメールに胸がときめきます。

女性は妹になりきって、強い女でいるより甘えるしぐさを大切に

女性は妹になりきって、お兄ちゃんに甘えるように会話しましょう。

「さびしいよ」「電話欲しいな」「遊びに連れていって」……。

実はこの妹トレ、世界中の男性を相手に使うことができます。対象が年下でも大丈夫。上司も父親ではなく、お兄ちゃんと思って、甘えて頼ってみてください。男性は頼ってほしいものなんです。先ほども紹介した、認知的不協和の心理テクニックにより、頼みごと

をすればするほど愛され、人気者になれちゃいます!

私のクライアントの実例ですが、男性並みに働いている看護師○さん(30代)は、姉御肌キャラが仇となってなかなか彼氏ができませんでした。負けず嫌いで、寂しい、会いたいという気持ちには蓋をするような性格です。

彼女に必要なのは女性らしさだと判断した私は、すぐに妹トレを伝授しました。熱が出たときも今までなら無理して相手の都合を優先していたところ、**「ごめんね(お兄ちゃん)、熱が出たから日程を変えていいかな」**と口調が柔らかく変化しました。するとそのときの相手は、かわいい〝妹〟にメロメロとなり、あっという間につき合いました。

男性は男性らしく、女性は女性らしくと言うと、古くからの固定観念と笑う方もいるかもしれませんが、女性は甘えて寄り添いたい、男性はかっこつけたいんです。理解して、上手に利用しましょう。

POINT

女性は甘えて寄り添いたい、男性はかっこつけたい生き物。男性はお兄ちゃんに、女性は妹になりきって!

思わず返事を待ちたくなる相手になるには？

バラエティ番組のひな壇トークを教材に。やっぱり笑わせられる男はモテる

お笑い芸人が女性にモテモテなのはご存じだと思いますが、**女性は笑わせてくれる人が大好き**です。

メールで相手を笑わせられれば、返信は保証されたも同然。そして、見返すことができるというメールの強みもあって、あなたへの好感度アップは間違いなし。

笑わせることで相手の警戒心は解けて、安心な対象であるという認識をもってもらうことも可能です。笑いの力ってすごいです！

とはいえ、人を笑わせるのはなかなか難しいもの。最近はスタンプや絵文字で笑えるものがたくさん用意されています。無料スタンプだけでなく、有料のスタンプもチェックしてくださいね。笑わせることでデートにつながるのならば、安い買い物です。

特に関西圏では、「笑わせないメールなんか意味がない！」と怒られるほど、笑いに厳し

い世界です。笑いのレベルが、モテるに直結します。

スタンプの利用と合わせて、テレビでの会話のやりとりをチェックしてみてください。バラエティ番組に出演しているコメンテーターやひな壇トークをする芸人たちは、女性にモテモテの生きる参考書です。自分でも使える技をどんどん取り入れてみてはいかがでしょうか。

恋愛の主導権を握るにはメールのやりとりを相手で終わらせる

メールは相手に肯定的な意見を伝えるものです。絶対にやってはいけないのが、否定的な怒りの感情をメールで伝えることです。

もしもネガティブな感情を伝えたいときは、必ず対面で、直接伝えてください。私が考える**メールの最適な使い方は、「相手を褒める」「感謝する」「持ち上げる」などのプラス面限定**です。

先ほど、「つき合うまではメール放置などの駆け引きをしないで」と書きましたが、相手との信頼関係がある程度築けて、接触回数の貯金ができてきたら、恋愛の主導権を握るためにここで初めて24時間だけメールを送るのをやめてみませんか。

相手のなかで、いつもやりとりをしているあなたからメールが来ないことで、不安を覚えると、あなたへの関心が高まります。タイミングとしては、相手が返信してほしいであろうメールでストップさせるのがポイントです。

相手からのメールでやりとりを終わらせれば、再開する主導権はあなたのもの。もちろん、相手から「どうしたの?」という催促メールが来れば再開して構いません。相手からあなたへの気持ちの強さを確認することもできます。

POINT

「笑い」と「不安」で心を揺さぶって待ち遠しい相手になろう。24時間だけメールをやめると、恋愛の主導権が握れる。

まとめ

メールを書くときにやってはいけない「4つのルール」

- **ルール1**
  長いメールは丁寧ではない。短くして言い換えてみよう
- **ルール2**
  「やっぱり」「一応」は使用厳禁。ネガティブな決めつけに注意
- **ルール3**
  何から何まで相手に選ばせようとしてはいけない
- **ルール4**
  誰でも通じる褒め言葉を使わず、オリジナルな情報を忘れずに

好きな相手から共感を得られる「3つのスイッチ」

- **共感スイッチ1**
  相手にとってのメリットと、質問の意図をきちんと入れる
- **共感スイッチ2**
  主語を「YOU」から「I」に変える
- **共感スイッチ3**
  「ありがとう」「いいね」「さすが」のコンビネーションに、
  「レスポンス」を早くする

最初のやりとりで大事な「3つの恋の接着剤」

- **恋の接着剤1**
  お願いごとが叶うたびに、相手が自分を好きになってくれる
- **恋の接着剤2**
  男性は男性らしく。頼りがいのあるお兄ちゃんになりきる
- **恋の接着剤3**
  「笑い」と「不安」を心で揺さぶりながら、主導権を握る

「また会いたい」と言われるほどの最強の伝え方

「会いたい」と思わせる「気遣いクエスチョン法」

デートに上手に誘える方法を教えて！

女性には「みんなもいるから行こう」、男性には「あなたと行きたい」と誘って

「男性が女性をデートに誘う方法」と「女性が男性をデートに誘う方法」とでは、まったく攻略法が異なることをご存じでしょうか？

同性の友だちを誘うように誘っても、うまくいきません。そして、誘ったデートに断られる理由も、男女では大きく異なります。両者の違いを把握しておけば、上手に粘り強くデートにこぎつけることができるはず！

肝心の誘い方ですが、男性が女性を誘う場合、最初からガツガツしていると逃げられる

可能性が高いので、いきなりマンツーマンのシチュエーションに持ち込むのは避けましょう。**周囲に友人など他の人もいる場所に、何気なく誘うと比較的OKがもらいやすい**です。

飲み会や友人宅でのパーティなど、2人きりにならない場所に、**「みんないるから行こう？」**と誘ってみてください。

女性が男性を誘う場合は、まったく状況が変わります。「誰でもいいから誘った」というシチュエーションを嫌い、「だったら他の人を誘ってよ」とすねられてしまいます。

女性に対しては、あくまでも2人きりでなく、みんなで楽しもうよという感じを出して、男性に対しては、「あなたと行きたい」というメッセージをハッキリと示すとうまくいきます。

想いを伝えるほど好きになってもらえる。3回は日程を変えて誘い続けよう

自分に自信がない人に限って、自分がデートに誘ったときに断られると、すごくショッ

クを受けます。一方で**多くの女性はデートを断ることに罪悪感を覚えません。好きだったらまた誘ってくるでしょう程度にしか思っていない**のです。

本当の理由は相手にしかわからないものですが、生理中で気持ちが乗らないときだって女性にはあります。

男性には体感できないと思いますが、体調不良が原因でデートを断ることは女性にとって頻繁にあるものだと考えてください。逆に、男性がデートを断る原因で断トツなのが仕事。ですから、両者とも日程を変えて提案すればスムーズに行く可能性があります。

1回断られたとしても諦めずに、3回ぐらいなら日程調整のやりとりを頑張りましょう！　断られる勇気をもってください。

もしも体調が原因で断られている場合は、

「風邪が治ったらデートしましょう」

「体調良くなりましたか？」

とやりとりすることができます。

カナダのマギル大学、ジェラルド・ゴーンという社会心理学の博士の発表でも3回想いを伝えると、31%好きになってもらえる確率が上がるというデータがあります。なので、**3回誘い続けることには効果がある**と認識してくださいね。

絶対にデートしたくない相手ならば、知らないうちに連絡の手段が断たれます。それに3回以上断っていると相手も、「さすがに1回ぐらい……」となるものです。

先ほど女性は体調を理由に断る場合が多いと書きましたが、朝は低血圧で機嫌が良くないなど、時間帯によって気分にムラがあるケースも考えられます。

POINT

デートは2人きりより他の人もいるからと誘おう。断られても何度でも再調整する勇気をもとう!

女性を褒めても相手にされない。どうして？

男はモテたい！女は選ばれたい！

デートの誘い方でOKをもらいやすいアプローチの方法が男女では異なることを先ほどお伝えしました。この差は「生き物としての本能レベルで異なっている」と知っておいて損はありません。

男性は本能的に、モテたい生き物です。種の保存をするために、自分を高めてくれる、尊敬してくれる女性に好意を抱きます。

また、**女性は選ばれたい生き物です**。そしていつも「他人と比べると、私はどう？」と比べられて、他人よりいいと認めてもらうことに喜びを感じます。男性へは絶対評価（集団に左右されず、個人の点数で決まる）で、女性へは相対評価（集団のなかでの自分の位置で決まる）で褒めると効果が高いと覚えておいてください。

たとえば、女性が男性を褒める場合は、

×「アキラくんってヒロシくんより仕事ができるのね！」（あんなヤツと比べるのかと思われる）

〇「仕事ができるアキラくんってステキ」

です。男性は比較されることを嫌います。

男性が女性を褒める場合は、どうでしょうか。

×「ナナコちゃん、気がきくね」（褒めれば好きになってもらえると思ってない？　とガードされる可能性大）

〇「ナナコちゃん、誰よりも気がきくね」

第2章で女性を褒めるときは、その人オリジナルの情報を入れることを推奨しましたが、比較するとより効果が顕著に表れます。

ちなみに、男性に対して他の人を使って褒めるのは合格圏内です。

×「佐藤さんより、加藤さんってステキですよね」

○「部内の子が、加藤さんのことをステキと言ってますよ」

男性にとっては、こんなこといちいち説明しなくてもわかるだろうと思えることでも、女性にニュアンスが伝わっていなかったために話が通じないことが往々にしてあります。

たとえば責任ある仕事を任されているために、残業せざるを得ない状況にある男性がいるとします。男同士ならば「残業なんだ」と言えば、責任の量を言わなくても、おまえも大変だな、とわかり合えるもの。

ところが、女性へ「残業なんだ」と伝えても、そうは受け取られません。「残業が好きな人なのかな～」と受け止められてしまうのです。女性とは敏感な面があるわりに、鈍感な面もあると認識しておく必要があります。

女性にはあえて丁寧に説明すると、頼りがいのある存在に見られる

仕事のことなど同性には自慢に受け止められかねない内容でも、女性にはあえて丁寧に状況を説明してあげる必要があります。そうすることで意識のズレを避けられますし、自分は頼りがいのある存在であることまで伝えることができます。

残業で遅くなった場合はこうです。

×「今日残業で疲れた」
ただの報告メールでは「あっそ」と思われて終わりです。

○「今日残業したけれど、ピンチを切り抜けられたよ」
とすると、仕事ができることを盛り込むことができます。ほかにも、

×「友だちと飲んでた」

○「友だちからの相談にのっていた」
同じ事実でも、頼られる存在であるオレを演出できています。使えるテクですよ！

男性へは絶対評価で、女性へは相対評価で褒めると効果が抜群！

2人だけの食事に誘いたい！　断られない方法を教えて！

食事に誘うときには「2択URL法」で相手に選ばせると断られない！

つき合う前に必ず通るのが、2人で食事をするという行為です。

女性が仕事関係以外の異性と2人きりで食事することをOKした場合は、次のステップに進んでいいという覚悟が少しはあると考えていいでしょう。

異性を食事に誘うことは、つき合うためには必ず攻略しなければならない重要課題です。

ここでは、食事に上手に誘える方法をお伝えします。

多くの方が、食事に誘いたいときに、「あなたと行けるならばどこでもいい」とやってしまいがちですが、これは気遣いに見えてもやってはいけないこととお伝えしました。

そこで、私は食事に誘うときにOKをもらいやすい「2択URL法」を編み出しました。

さっそく使ってみましょう。

メールに選んだお店のURLを2つ並べて、

「おいしい店を見つけたんだけど、どうかな、選んでみて？」

と軽い雰囲気のなかで誘います。

お店のURLにアクセスすれば、そこにはあなたが言葉を尽くすよりもはるかにたくさんの情報が詰まっています。おいしい料理に雰囲気まで、相手がリアルに想像しやすいので、YESをもらいやすくなります。

貼付するURLは、グルメ情報検索サイトや、個人のブログなどなんでもOKですが、相手に「面白そう！　行ってみたい」と思わせられれば、第一関門突破！

大切なのは、**複数の選択肢を用意しておいて、最終的に相手に選ばせる**ことです。自分で選んだ場合、人は断りにくいという性質を利用しましょう。

さらに、確実にOKをもらうには、第三者からのお墨付きを加えると万全です。**「友だちがおいしいと言ってたんだけど、行かない？」「テレビで芸能人が絶賛してたよ」**と付け加えるだけで、信頼度が上がります。また、たとえ結果として店選びに失敗したとしても、自分のせいにならず、**「何でココを絶賛したんだろうね？」**と笑って流せるので、おススメですよ。

用意した選択肢がダメでも次々と提案し続ければOK

とにかく、デートに誘うときには「行く？／行かない？」という短い投げかけではチャンスを潰してしまいます。話を終わらせてしまうNOという選択肢は最初から外してしまいましょう。必ず最終的にはOKがもらえることを前提に話を進めていくのです。もし用意した2択が両方とも相手の心を打たなければ、また別の選択肢を提示すればいいだけです。

男性「イタリアン食べに行かない？　カジュアルなA店と、豪華なB店だとしたら、どっちがいいかな？」
女性「うーん」
男性「イマイチかな？　**イタリアンじゃなくて他のにする？**」

もし誘うときに「A店にイタリアンを食べに行かない？」と尋ねると、答えが「行く／行かない」の2択となってしまいます。

ここで選択肢を2つ用意しておけば、NOという選択肢はなくなり、自ずとどちらかを選んでくれやすくなります。それでも選んでくれない場合は、何か原因があるはずです。

そこで、改めて相手に原因を情報収集したうえで、新たな提言をすればOKです。

もしかするとイタリアンを食べたばかりなので中華料理が食べたい気分なのかもしれませんし、ダイエット中なので、ヘルシーな鍋料理ならOKがもらえるかもしれません。

相手からのNOを排除し続ければ、いずれYESがもらえます。私は「YES取り」と名付けていますが、とにかく諦めずに頑張れば、色よい返事がもらえるはずです。

POINT

いつも2択を用意して、それがダメなら、別の選択肢を出すようにして相手に選ばせよう。

断られるのが怖いんです……。傷つかない言い方ないですか？

語尾に「かも」を置いて相手との距離感を確認しよう

お誘いのメールを送るときに、断られるかもしれないな……という弱気な部分が出て、「だって」「どうせ」という言葉を使うことはありませんか？　私は頭文字を取って「ＤＤ言葉」と名付けていますが、もしあなたがＤＤ言葉の利用者でしたら、今日からやめましょう。この言葉は使うだけで、相手を不快にさせるパワーを持っています。

「だってダメなんでしょ」
「どうせ忙しいんでしょ」

「そんなことはないよ」と相手に言ってほしいという気持ちが透けて見えます。この「だって」「どうせ」を置くことで、相手から拒否されるのを回避でき、自分を守れるので、使い勝手がいいのですが、負のオーラに満ちています。
断られるかもしれないけれど、自分の要望を相手に負担なく伝えるのに便利なマジカルワードがあります。
それが「かも」です。

× 「どうせ忙しいんでしょ」

○「忙しいかもしれないけれど」

「かも」を加えるだけで、相手のことを決めつけず、なおかつ自分の本音を深刻になりすぎずに伝えられるようになります！　万一断られたとしても、冗談で流せるという点もポイントが高いです。

この「かも」、相手の本気度の進行具合を確認したいときにも使えます。

「好きです」→ **「好きになったかもしれない」**

「つき合いたい」→**「つき合っちゃうかも」**
「本気になりそう」→**「本気になるかもしれない」**
「勘違いしそう」→**「勘違いしちゃうかも」**
「夜、誘いたい」→**「夜、誘っちゃうかも」**

相手からＹＥＳ寄りの返事が来たならば、次のステップへ進みましょう。「まだそこまでは……」という返事ならば、それ以上進んではいけません。
つき合う前は、お互いの気持ちの盛り上がり度合いがそろうまで待つことが大切です。

ビジネスコミュニケーションでも効果抜群！たとえＮＯと言われても、傷つかず本音が聞ける

セールスの世界で「テストクロージング」という言葉があります。相手が最終契約に至るかどうかを確認するときに使いますが、この「かも」が威力を発揮します。

たとえば、美容関連の商品をセールスするときに「肌がきれいになりますか?」と聞かれても、「きれいになります」と答えることはできません。

「きれいになります」と伝えると、「売り込みが激しくて嫌だな」とそこで心のシャッターを下ろされてしまいます。こうした場面では、**「肌がきれいになるかもしれません」**と、「かも」を使うことによって、相手に不確定な未来を想像させるようにします。

そうするだけで、「押し切らずに、判断を委ねてくれた正直な人だ」と、プラスに認識してもらえるというおまけまで付いてきます。テストクロージングで使える「かも」を恋愛にも応用しましょう。

ダイレクトに言うと強くなる言葉が、語尾に「かも」を加えるだけでマイルドになります。もしNOと言われても、傷つかず冗談っぽく流せます。そして相手の本音をうかがうことができれば、今後の対策を練ることも可能です。

POINT

「かも」を加えるだけで、自分の気持ちを軽く伝えられて、断られてもダメージが少ない。

大事な告白をしたいけど自信がない。うまくできる方法を教えて！

「きっと君は来ない」ではなく「もし君が来てくれたら嬉しい」と未来を語る

先述したDD言葉以外にも負のオーラを引き連れる接頭語として、「きっと」「たぶん」などがあります。

プラスマイナスにかかわらず推定するときに使われる副詞なのですが、なぜか後に否定語が続くことが多いんですよね。

しかも、こちらで勝手に決めつけて半ば諦め感を漂わせながら話を進める……という性質をもっているのでやっかいです。自虐的な人や自分に自信のない人のメールに出てきがちなネガティブワードなので、要注意です。

「きっと難しいと思いますが」
「たぶん来ないと思うけれど」

相手を気遣っているようにも見えますが、テキスト化すると、ふてくされ感がすごいです。メールをもらった相手も、ダメだと思ってるならメールしないでよ、となりかねません。

相手の未来の予定を確認したい場合は、「もし」を使えば、問題は解決します。「もし〜なら」に加えて、さらに実現したときに自分はどんな気持ちになるかを加えると、相手に与える印象がまったく別のものになります。

×「今日の夜に誘っても、きっと難しいだろうけど」
○**「もし今日の夜会えたら、嬉しいな」**
×「たぶん俺なんかとつき合わないと思うけど」
○**「もしつき合えたら、嬉しいな」**
×「きっと返事は来ないと思うけれど」
○**「もしよかったら、返事ください」**

「きっと」「たぶん」でマイナスの決めつけをしてメールをする場合と、「もし」を使って未来の可能性を探るのとでは、どちらが楽しいやりとりになるかは一目瞭然ですね。相手に自分のお願いを聞いてもらいやすくなるために、「もし」は有効です。

相手の本心を引き出しやすくする「もしかしたら」で一歩先の関係へ

「もし」のすごさをお伝えしましたが、さらに上級編として「もしかしたら」があります。「もしかしたら」は一歩先の関係に進みたいときに奥の手として使えます。モテる人がちょっと難しいお願いをするときに、上手に使って自分の要望を通しちゃうんです。文法的には正しくないですが、使えるマジカルワードです。

△「もう1軒行かない?」

○**「もしかしたら、もう1軒行ける?」**

△「今日泊まれるかな?」

○「もしかしたら、今日泊まれる?」

相手との関係が築けた後には、まわりくどいため付けなくてもいいです。でも交際してしばらくは相手への気遣いが見えて、YESと答えやすくなる雰囲気をもたらすパワーがあるので、ぜひ使ってみてください。

POINT

「もし」に自分の感情を加えると効果的。
「もしかしたら」で自分の要望を通しやすくなる!

2人の時間をうまく過ごす「キケン予測法」

どうしても誘ったデートをキャンセルしてほしくないとき、どうすればいい？

デートのドタキャンを防ぐためには、来ざるを得ない状況をつくろう

せっかくデートにこぎつけても、ドタキャンされてしまうことがあります。会うまでの第一段階をせっかくクリアしたのに直前で断られてしまうのは何としても避けたいものですよね。そこで、ドタキャンされず、無事にデートにこぎつけられる方法をお伝えします。

そもそも女性って、自分の〝何となく〟のフィーリングや雰囲気でコロコロ気持ちが移り変わりやすいんです。デートの1時間前まで行くかどうか迷っている存在だと思ってください。

もちろん大好きな人とのデートであれば断りませんが、まだつき合っていない段階の、好きか嫌いか微妙なラインの人には、男性にとっては理不尽なドタキャンを食らわしてくるものと覚えていて間違いありません。

そんな女性からドタキャンされないようにするには、来ざるを得ない状況にすればいいのです！

デートはざっくり予定でOK。細かい計画はワクワクしない

さあ、いよいよデートの約束を取り付けました。

ところで、食事だけでなく「大人の遠足」などと銘打って、あれこれ計画を詰め込んでタイムスケジュールを組んでしまったことはありませんか？

デートは仕事でも旅行会社のツアーでもありません。見て回る場所の数や食べて回る店の数をノルマのように決めて、それをこなす日にしてしまっては本末転倒です。男性側と

しても、項目をこなすツアーの引率者状態になっては、デートにワクワクすることはできませんよね。デート上手ほど、予定はさらっと決めて、あとは彼女の意見＋成り行きに任せているものです。

デートの大枠を決めておいて、細かい点は相手に選ばせるようにすればバッチリです。

×「渋谷でランチしたいんだけど、何食べたい？」

○「渋谷でランチしたいんだけど、AとBのお店、どっちが好きかな？」

というわけで、デートをする約束を取り付けた後は、**大枠は男性側がざっくりとつくり、トッピングにあたる部分を彼女に選ばせればいい**んです。一緒につくったデートのプランには、連帯責任が生じます。ドタキャンでデートの約束を破ってしまっては申し訳ないな……自分で選んでおいて行かないのは失礼かなと参加してくれますよ！

相手に一部参加してもらうというテクニックは、デートの約束をするとき以外でも使えます。

たとえば友だちから恋人に進展したい場合。

「友人が彼女とつき合いかけたのに嫌われちゃったみたいなんだ。○○さんは、どんなことされたらドン引きする？」

と、友だちをダシにして相手の思いを聞き出していきましょう。相手の好みがわかり、相手が嫌がることを事前に回避できるようになります。

彼女が嫌がるポイントがわかり、これでかなり有利に告白できるようになります。

POINT

ドタキャン防止には、デートプランの大枠を決めた後、最後の細かいところを決めてもらえばいい。

どうしても時間に遅れそうなときの書き方を教えて！

遅刻して、もっと好きになってもらえる上手な謝りメールのつくり方

せっかくのデートなのに遅れそう……これじゃあ、嫌われると心配したことはありませんか。ところが実は、**遅刻することで、相手からもっと好きになってもらう**ことも可能なのです。つき合ってから向かえるピンチや、相手があなたに不満に思っている場合は、逆に関係がよくなるチャンスでもあるのです。たとえば、電車を降りそこねて遅れそうな場合、こう変えましょう。

× 「ごめん、電車を降りそこなったので遅刻します」

○ **「ごめん、○○さんと今日のデートを考えていて、気づいたときには電車を降りそこねちゃったよ」**

× 「ごめん、携帯電話を忘れて取りに戻ったから遅れます」

○「ごめん、〇〇さんと連絡が取れないと困るから、携帯を取りに戻ったので遅れます」

女性は、仕事をはじめとする男性側の都合で待たされるのが大嫌いです。でも、自分のことを想っての遅刻であれば、許容します。ですから、遅刻する場合は、無理やりにでも女性のことを想って……と理由を探し出してから、メールをつくってください。

仕事が遅くなり、ディナーの約束に遅れる場合なら、こうです。

「〇〇さんとゆっくりしたかったので、仕事を片付けていたら遅くなりました。ごめんなさい」

女性は自分が軽く扱われていないかを敏感に察知します。あなたのことが大切なために遅刻したというふうに受け止めてもらえれば、遅刻さえもプラス材料になるのです。

遅刻をするなら電話の後にメールでフォロー。お詫びで次のデートの約束につなげる

ちなみに、デートの約束の時間に遅れたからといってすぐに怒って帰る人はほとんどいません。結婚相談所サンマリエのサービス情報「恋のビタミン」では、97％が「デートに遅刻してしまった恋人を待つ」と回答しています。

遅刻するとわかったときには、まずメールを送るより先に、電話をしてください。

「ごめんなさい、遅れます。大丈夫ですか？」

このたった5秒の通話で、相手を安心させることができます。遅刻する場合の鉄則ですから覚えておいてください。電話は用件だけを手短かに済ませましょう。その後、先ほどお伝えした、女性のことを想うあまりの遅刻であるという理由をしたためたメールを送ればOKです。

彼女から「いいよ、待ってる」というメールをもらった後も、フォロー次第でさらに好感度をアップできます。**「待たせてしまうからカフェにいて」「マッサージでもして待って**

て」など、思いやりを示しましょう。「私って大切に思われているんだわ」と思わせられれば、あなたの勝ちです。

さて、遅刻したあなたが約束の場所に到着しました。待たせている間に相手は不安になっています。ここも好感度を上げられるポイント！　不安な状態のところにあなたが登場すると、相手には安心感が生まれ、幸せホルモンが出ます。

遅れたお詫びに、次回もっとおいしいものを食べに行こう！と追加の提案を出せば、次のデートもすんなり約束が取り付けられるという戦術です。ピンチをチャンスに変換してくださいね。

POINT

「相手のことを考えて行動していたから遅れた」という理由をつくれば、遅刻したのに好かれる。

デート後のメールを出すタイミングって？

ご馳走した後は相手からのメールを待つ。駆け引きで相手を揺さぶり作戦開始

さて、楽しいデートが終わりました。まだまだ彼女と楽しいやりとりを続けたいあなた。多くの男性がやりがちな失敗をしてしまうのがこのタイミングです。

みんな嬉しすぎて、食事の後にどんどんメールを送ってしまいます。ここで私からのアドバイス！　**デートでご馳走した後に、あなたから「楽しかった」とメールをするのは厳禁です！**

そこまで機嫌を取らなくてもいいんですよ。あなたと食事をした時点で、あなたに好感をもっているので大丈夫。自分の価値を下げる行為は避けましょう。

女性がデートに誘われて、ご馳走してもらったならば、「ありがとうございました。ご馳走さまでした」と女性からお礼をするのが常識です。ここで、我慢できずに男性から下手に出たメールを送ったら、女性は「あれ？　私はデートにつき合ってあげたんだ」と勘違

いし、主導権は女性側に移ります。

普通の人なら、ご馳走してもらったらお礼をするものです。

だいたい、ここでお礼もしてこないような女性ならば、今後つき合いはやめたほうがいいでしょう。

デート後は24時間、メールを控えて！自分の値上げをできる絶好のチャンスです

女性からすぐにメールが来ても、尻尾を振って歓喜のメールを乱打してはいけません。じっと我慢して、デート後24時間はメールを控えましょう。

デートにこぎつけるまではメールで駆け引きをせずに、こまめにやりとりしましょうとお伝えしましたが、ここは堪えどきです。

「デートする前はあんなに必死にメールをしてきたのにどうしたのかな？」と女性は気になります。そこへ、

「仕事が忙しくて連絡が遅くなりました。昨日は楽しかったよ」

と24時間おいて連絡をすれば、ホッとさせることができ、ますます好きにさせることができます。

同じ理由で、Hをした後に自分のほうからメールをしてはいけません。ついついメールをしたくなる気持ちはわかります。でも、優位性を示すためにも、相手からのメールを楽しみに待ちましょう。

POINT

デート後は、自分からメールを送ってはダメ。返事が来ても、24時間あけて自分の価値を上げよう。

またすぐ会ってみたいと思わせるメールとは？

次のデートの予定は1か月以内に設定！デートまではひたすら聞き役に徹すること

初デートしてから1か月以内に次のデートをセッティングできなければ、その女性との関係が深まる見込みは薄いです。楽しい雰囲気を覚えているうちに次の手を打たなければなりません。鉄は熱いうちに打て！作戦です。

人は、心地よい体験をさせてくれたり、いい言葉を言ったりする人を周りに置きたがるものです。心理学で「連合の原理」と言います。

なので、先ほどお話しした快体験を与える人間という記憶が強烈なうちに、次の一手を打ちましょう。早ければ早いほど誘いやすいし、心地よい言葉を投げ続けることで、相手から好きになってもらうことができます。

カウンセリングで相手の心を開かせるときに用いる手法ですが、相手の発言を受け止めて類語・同義語で返してあげると、**「あなたの話を聞いている」アピール**ができて有効です。

ここで、私から男性にお伝えしたいことがあります。女性の悩みごとや愚痴に対しては、決してアドバイスをしてはいけません。第1章でもお話しした「共感」がキーワードとなります。役に立ちたいからと、解決策を述べても嫌われるだけです。**次のデートにつなげたいならば、絶対に相手を否定しないこと。**ＹＥＳマンでいいんです。耳ざわりのよい言葉を投げ続けましょう。

「そうなんだ」
「大変だね」
「わかるよ」

私の味方だ！と思わせられれば、あなたの勝ちです。
女性は共感を求めるものなので、ＹＥＳを言ってくれる人を切り捨てることはありません。そして「また会って話したいな」という気持ちにつながります。

2度目のデートをするまでに相手にアピールしておくべきこととは？

何度かお伝えしていますが、女性は男性に守ってほしい・丁重に特別扱いされたいと思っています。

ですから、初めてデートをしたものの関係が浅いうちに、さっさと欲望を押し付けてくるような男性からは逃げ出します。また同様に、男性も相手の女性が面倒な相手ではないか吟味中のときに、ぐいぐいと迫られると危険を察知して去っていきます。

したがって、自分は相手にとってやっかいな存在ではないことをメールを使って伝える必要があります。

2度目のデートをするまでに、男性は女性に対して、あなたのことを大切に思っている、理解したい、助けたいと思っていることをアピールしましょう。そして、自分は気持ちが安定しているので、あなたをサポートすることが可能であることを文章中に入れ込みましょう。

女性は、自分のことを受け止めて、選んでくれる存在があるとわかると、満足感を抱きます。そして、相手を好きになるものなのです。

POINT

次のデートまで、反対意見は厳禁！
「あなたの話を聞いている」アピールをしよう。

メールや連絡が「もっと欲しい！」が叶う「塩アイス伝達法」

もっと自分をアピールするには？

相手を褒めたいときは反対語を枕に置くと効果倍増！

メールで相手の関心を買いたいからといって、むやみに褒めまくっても、逆に何か下心があるのではと勘繰られてしまうのがメールの難しいところ。こんなときに使ってほしいのが「塩アイス伝達法」です。

甘い褒め言葉（言いたいこと）の前に、わざとピリ辛な反対の言葉を入れることで「私のことちゃんとわかってくれている！」と相手に響かせることができちゃうんです。簡単なテクニックなのに、効果バッチリなので試してみてください。

×「優しいね」

○「一見怖いけれど、優しいよね」

×「面白いね」

○「真面目そうなのに、面白いね」

×「頭いいね」

○「遊んでそうなのに、頭いいね」

「塩アイス伝達法」での注意点は1点。下げてみせる箇所に、年齢や身長、生い立ちなど自分の努力では変えられない点は触れないようにしましょう。

文章だけで伝えにくいときは画像貼付でイメージを膨らませる

次のデートに誘いたいときに、文章では恥ずかしかったり甘えられなかったりするときに使ってほしいのが、画像貼付です。楽しそうだと相手がイメージしやすい画像を送れば、お願いごとが通りやすいですし、メールの返信も期待できます。

「遊園地に行きたい」と甘えられない場合
↓**画像貼付して「ここいいな、行かない？」**

「温泉に行きたい」と甘えられない場合
↓**画像貼付して「癒やされたいな、どう？」**

文章に苦手意識がある人でも、画像を貼付すれば相手にイメージを膨らませてもらいやすくなるし、メールが下手な人でもトライしやすく、OKをもらいやすくなります！

POINT

わざとピリ辛な反対の言葉や画像を入れることで、普通の言葉が甘い言葉に変わる！

空気が読めないと言われるけど、どうしたらいいの？

相手の嗜好を知れば知るほど好かれるように。結婚したい人なら300個以上のトリセツを

相手に好きになってもらうには、相手のことをよく知っていることをアピールする必要があります。「好きなものは？」「どんなときに喜ぶのか？」「苦手なことは？」、と覚えた数だけ、相手からの信頼を得られます。経験上、友だちで30個、恋人で最低100個、結婚するなら300個以上、相手の取扱説明書（トリセツ）を覚えていくとうまくいきます！

一般的に、大手企業がどうしてクレーム処理がうまいかというと、客のデータを多く持ち、マニュアル化できているからです。新たな問題が発生した場合でも、それまで培ったデータから的確な対応を引き出すことができるのが強みなのです。

恋愛でも同じことが言えます。**相手のトリセツを多く把握できていれば、相手が好むことをやってあげられるし、嫌がることを避けることができます。**逆に、トリセツの重要性がわかっていないと、100年の恋も冷めてしまうことに。

オリジナルの情報を加えると効果的な話はすでにしていますが、トリセツを集めたからこそ、逆転ホームランを打った例を紹介します。

私の友だちYさんは、10年間つき合った彼女がいる彼を好きになっちゃいました。彼はポテトを食べるときにケチャップをつける人だったのに、「10年間の彼女」は自分がケチャップを使わないので、居酒屋で注文をするときでも「ケチャップ追加で」の一言が出ませんでした。

ところが、その彼を狙っていたYさんは、気遣いを見せて2度目のデートでポテトにケチャップを頼みました。彼はその様子を見て、あっさりとYさんとつき合うことになったのです！　10年の関係がたった一つのトリセツで覆されてしまうんです。

トリセツを集めると、女性から信頼してもらえる速度が速まります。たとえば、

×「仕事大変そうだね」

〇「前に話してくれた総務課の仕事、大変そうだね」

私が話したことをキチンと覚えてくれているというだけで好感度がアップします。

×「何食べに行く？」

○**「前に話していた和食のお店に行きたいね」**

私のことをわかってくれている、適当に思われていないんだ、と信頼感を得られます。

本人から正しいトリセツを上手にもらう方法

トリセツの重要性を述べてきましたが、このトリセツは本人に聞くのが、手っ取り早くて確実です。そこで、上手な聞き方をお伝えしますね。

×「○○ちゃんってワイン好き？」

○「俺は赤ワインを飲むんだけど、○○ちゃんはワイン飲む？」

×「仕事は夜遅くまでかかるの？」

○「俺は残業が多い職場なんだけど、○○さんも仕事遅くまでかかりますか？」

まずは、聞きたい内容に関連する自分のトリセツを質問のアタマに付けましょう。そこで、相手のトリセツを聞くと、警戒心もほどけて無理がなくてスマートです。相手のトリセツを集めて、相手のハートをノックしましょう！　結婚したいならば相手のトリセツを300個ためなければなりません。メールを上手に利用してどんどん相手のことを知りましょう。

POINT

トリセツを持っている人とそうでない人では、雲泥の差。信頼度をアップして楽しい時間を過ごそう！

まとめ

「会いたい」と思わせる「気遣いクエスチョン法」

- 男性が女性を誘うには、いきなり2人は避ける
- 女性を褒めるには比較した表現を使うと効果的
- 食事に誘いたいときは、2択にして相手に選ばせる
- 「かも」を付け足せば、やんわり自分の気持ちを伝えられる。
  さらに、相手の気持ちも確認でき、断られてもダメージが少ない
- 「もし」を使って表現すると、お願いが通りやすくなる

2人の時間をうまく過ごす「キケン予測法」

- ドタキャン防止には、詰めのところを相手に決めてもらう
- 遅刻するとき、「相手のことを考えた行動」を伝えるといい
- ご馳走した後に決して自分からメールをしてはいけない
- 2回目のデートは1か月以内に。それまでは聞き役に徹する

メールや連絡が「もっと欲しい」が叶う「塩アイス伝達法」

- 言いたいことの前に、わざとピリ辛な反対語を添える
- 相手のトリセツを集めると、信頼感が増してくる

2人の関係が劇的に変わる究極の書き方

トラブルを味方にする「アクシデント返し法」

友だちからの誘いと意中の人との誘いがバッティングしたとき、どうすれば？

デートの約束が別件とバッティングした場合は選びたいほうを選んでOK

気になる相手とデートの約束が成立しそうな日に、すでに先約が入っている場合、あなたならどう対応しますか？　あるいは、2番手と考えている人とデートの予定があるのに、1番手から同日同時刻ならばデートできると言われた場合、あなたならどう切り抜けますか？

先約が仕事である場合、ビジネスパーソンならば多くの人が関わっている仕事を優先せざるを得ませんよね。では、異性からのデートのお誘いと同性の友だちとの遊びの約束がバッティングした場合は、どうでしょうか？

この場合、**自分の優先したいほうを選んでください。**

予定変更のお願いをする場合は、すぐに電話や直接会って伝えるのがベストです。メールで伝える場合には、しくじると次はなくなるので、細心の注意を払う必要があります。心理学でいうところのラポール（信頼関係）を壊さないように、相手に対する誠意や好意、敬意を文章に盛り込んで、相手のことを大切にしているメッセージを入れてください。「約束は断られたけれど、私のことを大切に思ってくれる」、いい人という印象を持たせることができます。

✕「その日忙しくなっちゃって」

↓適当に扱われていると相手に感じさせてしまいます。人は勝手に予定を決められるとムッとします。私とは会いたくないんだな、と感じさせてしまうとアウトです。

○「大事な約束なのにごめんなさい」

○「〇〇ちゃんのことは優先したいんだけど、明日の予定が厳しくなって（＋用件）」

↓誠意や好意、敬意を相手に示しているので、相手の自尊心を傷つけません。

ネット社会の今、ウソをついて何とか取り繕ったとしてもいずれバレます。

「私との約束を断って、別の人と遊びに行ってるじゃない！」となった場合、取り繕う術はありません。人がからんだウソは、のちに知られるとアタマにきます。なら、いっそ本当のことを言ったほうがいいのです。

予定変更のお伺いメールでは、相手を立ててピンチをチャンスに！

デートの予定を変えてもらう場合、自分で代替案を出さなきゃいけないと思っているかもしれません。でも、この場合は相手に質問して判断を委ねれば、ピンチを切り抜けられます。

やり方は、予定変更のお願いをするときに、誠意、好意、敬意が示された文言に質問をプラスして、後は相手に決めてもらうだけ。このやり方をするだけで相手を立てたことになり、信頼までも得られるようになります。

デートで誘う方法と基本は同じと考えてください。大枠は自分で決めて、最後になる部分を相手に決めてもらえばいいのです。

人は、考え方や行動を押し付けられることが大嫌いですが、自分が決めたことは嫌がらないもの。困ったときに思い出してください。

× 「友だちと外せない用事ができてしまった。明日の予定はナシにして、来週にできるかな?」

決めつけは厳禁。対面で言われるならば許容範囲ですがメールではダメです。

○ 「友だちと外せない用事ができてしまった。忙しい○○ちゃんなのにごめんなさい。明日の予定はナシにして、来週以降で空いている日はある?」

敬意を示し、最後に質問をして相手を立てているのでいいですね。

相手の発言を念押し+再フォローすると、さらに好印象をもってもらえる

予定変更のお願いをして、相手から提案してもらえたときには、念押しして再フォローするとバッチリ好印象に変わります。

男性「友だちと外せない用事ができてしまった。忙しいのにごめんね。別日程決めてもらえる?」

女性「来週の土曜日はどう?」

○男性「ありがとう! 来週の土曜日わかった」

→これで次の会話に移るといつものやりとりに戻れます。

◎男性「来週の土曜日に。貴重な時間を変更させてごめんね。ありがとう！」

↓ちゃんと気持ちがないと怒られるので、ここまでフォローしたほうがいいです。

相手はデートの予定変更を安請け合いしてしまったか、実は気にしています。面倒かもしれませんが、彼女の対応は感謝されるに値する行為であると、改めて示してフォローしてください。

POINT

大事なデートでもリスケはまったく問題ない。デートの変更を安請け合いしたと思わせなければＯＫ。

相手が怒っているとき、何を言っても通じない。いい書き方、教えて！

「もうメールしてこないで」の本当の意味は？
「好きだから悲しいの。メール待ってる」

「もうメールしてこないで」

「もう会いたくない」

「そういうことなら、もういい」

「いったい何回言わせたらわかるの？」

「最低なんだけど」


メールで相手を怒らせてしまい、どうすればいいのかわからずに関係を終わらせてしまったことはありませんか？　女性を怒らせてしまうと、男性はどうしていいかわからなくなりますよね。でも、右記のようなメールが来た場合、ストレートに受け取ってはいけませんし、怖がる必要はありません。

なぜなら、**相手はあなたのことが嫌いになったのではなく、好きだからこんなメールをしている**のです。こうしたメールが送られてくる場合は、相手が返信を待ち望んでいると理解してください。

女心を理解するためには、右記のメールの前に「好きだから悲しいの」を足して解釈するとわかりやすいです。


「(好きだから悲しいの)もうメールしてこないで」

「(好きだから悲しいの)もう会いたくない」

「(好きだから悲しいの)そういうことなら、もういい」

「(好きだから悲しいの)いったい何回言わせたらわかるの?」

「(好きだから悲しいの)最低なんだけど」


もっと関わりたいから発せられたメッセージなので、あなたも逃げずに向き合ってください。結婚までの道のりで、時には口論に発展することがあります。しかし、仲直りをするたびに関係は深まるものです。「女の怒り＝好き」と思って、返信してください。

「ごめんねサンドイッチ」で相手に気持ちよく許してもらう

相手を怒らせてしまっている場合に使える、正しい謝り方をここでお伝えしましょう。謝罪の言葉を最初と最後に配置する「ごめんねサンドイッチ」です。このやり方を知っているだけで、お金も時間も大幅短縮でき、気持ちも楽になれます。

1. 謝る
2. 相手の感情を立てる（つらかった、悲しかった）
3. 自分の責任を認める
4. 今後の対策
5. 謝る

この謝り方で進めれば間違いないので、職場ではお客様への対応マニュアルとして活用しています。

さて、相手から連絡が来ないと怒っている場合です。

女性「もう知らない」

男性「ごめんね、寂しかったよね」（1、2）

女性「別に」

男性「連絡せずに申し訳なかった」（3）

女性「もういいよ」

男性「これからは、夜に連絡すると決めたよ」（4）

女性「ちゃんとできないじゃん」

男性「ごめんね、反省しています」（5）

女性は何回か相手が困っている様子を見ないと気がすまないので、何度かイラッとさせるような失礼な言葉を投げて、あなたを試してきます。理解できないかもしれませんが、そういうものなので途中でくじけてはなりません。

ちなみに、「もう知らない」と言われているあいだは、今後の対策を述べても聞いてもらえません。相手の気がすむまで謝罪を続けて、途中で相手が折れてくれるのを待ちましょう。

「どうするのよ？」となったら、対策の出番。中途半端に謝ると、消化不良となりスッキリしません。ごめんねサンドイッチを完成させてから、次へ進みましょう！

「怒られる⇕仲直り」を繰り返していくうちに離れられない関係を育んでいく

相手のことを知れば知るほど、人は好きになります。心理学でいうところの「熟知性の法則」です。怒らせた後で仲直りするという時間を繰り返すことで、相手との信頼関係が築け、また慣れていくものです。

恋愛を続けていくには、「怒られる」は避けて通れません。**怒られるという行為は愛がいちばん深まるイベントなのです。**それを知らずに別れてしまうカップルが多いのが本当に残念です。

特に知り合って間もない頃は、初めは良い面だけを見せ合っているもの。怒ったときでも性が合う人でないと、結婚後の生活は成り立ちません。お互いに怒ったときのトリセツを持っておけば、いざというときに心強いです。

王道の謝り方を味方にして、相手が怒ったときにも逃げずに立ち向かいましょう！

POINT

怒っている相手の言葉を鵜呑みにしない。「ごめんねサンドイッチ」が完成したら、対策を伝えて。

何を言っても通じない！　本気で怒らせてしまったときの究極の謝り方、教えて！

「どうして怒ってるか、わかってる!?」本気で怒られたときに使える作戦

相手が怒って、メールが既読スルーになってしまっている場合には、原因をリサーチする必要があります。理由を見つけられないからといって適当に「ごめんね」と言ったとしても、「何に対して謝ってるわけ？　何もわかってない！」と、相手は許してくれません。

通常では、相手からのメッセージの２つ手前を見ると判明しますが、男性と女性では怒りのツボが違うので、どうしてもわからないときには、お見合いを60連敗で見事食い止めたあの「そっくりコピペ法」で聞いてみましょう。

遅刻したことで怒らせてしまった場合です。

女性「時間にルーズな人だね」

×男性「今日は残業だったんだよ」

↓事実や言い訳を述べても相手の怒りは解消されません。

○男性「時間にルーズと思わせてしまったね」

↓とりあえず怒らせたであろう原因を確認してみます。女性は自分が怒っている理由をヒントとして書いてくるので、「そっくりコピペ法」が使えます。

さらに、相手との信頼関係（ラポール）を築くために、次のようにやればバッチリです。

1．相手の話した「事実」をそのまま返す（そっくりコピペ法）
2．相手が話した「感情」をそのまま返す
3．自分なりの言葉で置き換えて要約し、確認する

悪い例はこうです。

女性「あなたは時間にルーズだね」

×男性「残業だったんだよ」
→相手にとっての事実を変えているのでダメです。

女性「私、寂しかったんだよ」
×男性「俺も会いたいよ」
→相手の感情を理解していない。

女性「わかってくれないよね」
×男性「俺なりに努力するよ」
→相手と対話ができていない。

良い例は次の通りです。

女性「あなたは時間にルーズだね」
○男性「時間にルーズって？」

↓1．相手にとっての事実を確認する。

女性「私、寂しかったんだよ」

○男性「寂しかったんだ……」

↓2．相手の感情を理解する。

女性「わかってくれないよね」

○男性「時間が遅れて、寂しかったんだよね。悪かった」

↓3．相手にとっての事実と感情の言葉をつなげて要約してみせる。

これで相手は自分のことをわかってくれたと満足します。他人の感情を読めない人こそ、この方法が使えます。

とにかく、相手の女性が怒っているときに、男性は物事を解決したい気持ちが働くので、「原因」を伝えようとします。しかし、女性の感情が高ぶっているときには、逆効果で火に油を注ぐ事態に。言い訳は相手の機嫌が直ってからいくらでもできます。言い訳せずにひたすら謝り続けてください。

女性は、自分が大切に扱われている実感があれば、満足感を得られます。1回の謝罪ではダメでも、3回、5回と謝られるとスッキリとします。相手が怒っているときには心の扉が閉ざされています。聞いてくれる態勢が整うまでは、言い訳は厳禁です。

クレームメールは拡散・回し読みで回収不能に。マイナスのことを伝えるときは気をつけよう

ふとした時間に、相手からもらった嬉しいメールをひとりでにやけながら見直すことはありませんか？　相手とのやりとりの回数が多いほど好意が増す話をしましたが、これこそがまさにメールの持つ優位性です。**嬉しいメールを見直すことで、好意が自然とアップします。**

嬉しいメールはひとりで閲覧されますが、クレームやマイナスを含んだメールは拡散される危険度が高いということを覚えていてください。

たとえば、ケンカしてしまったときのメールが女性側の女友だちに回されると、余計なアドバイスが入ってきます。すると、仲直りがとたんに難しくなるのです。

「こんなヒドいこと言われた～見て～」と、スクリーンショットで回し読みするのは、ショックを和らげるために、共感を求める女性の習性です。

というわけで、クレームを伝えるときにはメールを使うのは非常に危険です。相手とのすれ違いが修復したとしても、拡散されたメールはもう消せません。ですからクレームを伝えたいときは、電話か直接会って話をしましょう。

POINT

事実を確認し感情を理解する。
自分の言葉で要約し、ひたすら謝ろう。

相手の反応が明らかに冷たく感じるときの「割り切りヘルプ法」

急に相手からメールが来なくなった。どうすれば返事が来る?

メールを続けたい相手になれるかの大勝負!同一人物に1回きり使える劇薬「助けてメール」

最近、気になる人からメールが来なくなったなと思うことありませんか? それは突然訪れるものです。

男性には理解できないかもしれませんが、女性は送られてくるメールを4つに分類しています。

1. 好きグループ

2. 友だちグループ
3. 非表示グループ
4. ブロックグループ

1や2のグループに入り込むためには、自分が相手にとって害がない相手であるということ、もしくは何らかのメリットをもたらす存在であるということを伝えなければなりません。ですからグループ分けをされる前が勝負です。

しばらくやりとりした後で、どうでもいい相手と認識されてしまったら、3の非表示グループに落とされます。そうなるともう日の目を見ることはありません。そうならないように、好きでも嫌いでもない存在から、1のグループに入るために使える劇薬「助けてメール」を編み出したので紹介します。ただしひとりに対して1回のみ有効です。

人は、困っている人を助けてあげたいもの。助けてあげると、自分の行為を正当化するために「好きだから助けたんだ」と思うようになる認知的不協和の心理を利用します。

やり方は簡単！　メールの冒頭に、

「すみません、困っています」

「○○ちゃんにしか聞けないんだ！」

と書き、その後で頼みごとを続けるだけです。

相手にとって負担のない範囲であれば、普通は対応してもらえます。逆に2～3日経っても返信がなければ、自分は3か4のグループに落とされているのだなと、諦めて次に行きましょう。

同性には聞けない、「あなただから聞ける」という気持ちを伝えて

「助けてメール」が相手にヒットして、メールの返信が来たとします。しかし、1や2のグループに昇格した！と早とちりしてはいけません。あくまでも相手の親切心に付け入った劇薬に反応してもらっただけですので、ここからどう印象付けるかは、あなたの手腕が問われています。

最初にグイグイ行き過ぎると、「怖い、面倒な相手だ」と認識され、4のブロックグルー

プに転落しかねません。やりとりをしていて、まずいなと思ったら、「焦り過ぎた、ごめんね」とすぐにフォローを入れましょう。

男性から女性への「助けてメール」では、**「母の日のプレゼントってどんなものが喜ぶのか○○さんにしか聞けない」「女性が多い職場で飲み会なんだけど、女性が好きなお店ってこの辺で知ってる?」**など、周りの男性仲間には聞けない、「あなたにだから聞けるのだ」、という特別にお願いした感じを出すように努めてください。

POINT

連絡が途絶えたときの最終手段「助けてメール」困っている人を助けたいという心理を利用して。

今いる場所を聞いたら嫌がられる!? どうすれば自然に聞けるの？

「今どこにいるの？」と聞くと気持ち悪がられる。「俺、今ここ」メールで簡単に聞ける

出会って間もない頃にグイグイ行き過ぎると、女性は怖がります。距離感を誤るとブロックに遭いかねません。でも、相手が今どこにいるのか、あわよくば会いたいというときに上手に聞ける方法をお伝えしましょう。

仲が良くなった後はOKですが、親しくなる前にNGなのがこれらの問いかけです。

× 「今どこにいるの？」
× 「何してるの？」
× 「返事してほしい」
× 「家にいるの？」

使ってしまいがちな言葉ですし、相手の状況を聞くことが礼儀であると考えてのメールなのかもしれません。しかし、女性はチェックされているような気がして既読スルーになる可能性が非常に高いと認識してくださいね。

こんなときに使えるのが「俺、今ここ」メール。明るいノリで送ると、不審者やストーカーではないといったアピールができ、相手からの返事がもらえる可能性大です。

男性「お疲れさま！　今日は渋谷で飲んでいるよ。○○ちゃんは？」

女性「六本木だよ！」

このやりとりで、相手が六本木にいるという情報がわかりました。渋谷と六本木では移動できなくもない距離です。さて、この後どうしても会う約束を取り付けたい場合には、友だちをダシにしてみましょう。

「あ、そうなんだ。あとで友だちと六本木で合流する予定だったんだ。よかったらみんなで一緒に飲む？」

と何気なさを装って誘いかけてみてはどうでしょうか？
もちろん、友だちは都合が悪くなりドタキャンしたことにするのもありです。相手がノッてこなければ、「じゃあまたね！」で次の機会を探りましょう。

POINT

相手が何をしているかを聞きたいときはまずは自分の情報を。会いたいときは「みんなで！」を装い、チャンスをつくろう！

1年音信不通だったのに、この言葉の3分後に返信が来た。そのメールとは?

1年間音信不通だった腐れ縁の人へ送った「きっぱりお断りメール」

なかなか本命になれない場合、つき合うかつき合わないか、結婚するのかしないのかがはっきりしない場合に使ってほしいメール術をお伝えします。

Mさんは、アラフォー美人で、性格的にも非の打ち所のない方でした。しかしこの年齢まで結婚していないのは、7年間腐れ縁の彼の存在が原因でした。煮え切らない態度を取られたままズルズルと関係を引きずり、1年間メールも放置されて「もうダメかな?」と思うとメールが来るというありさま。好きだから別れる踏ん切りがつかないという関係でしたが、このままでは婚期を逃してしまうと、一念発起したMさん。

もういい年なので、彼との関係を潔く清算し、新しい出会いに進めるかどうかを私にちょうど相談しているときでした。Mさんは、冬季休暇を利用してタイ旅行へ向かうために羽田空港にいましたが、あいにくの豪雪で滑走路が封鎖されており、寂しさや切ない気持ちがさらに募ります。

Mさんは、最後に彼に本意を聞いてみたいといいます。イチかバチかどうなるかわかりませんが、一緒にメールを作成しました。

「今までいろいろメールしてきました。既読スルーの人は嫌いです。ありがとう、さようなら」

前にメールをやりとりしてからすでに1年音信不通です。外は激しく雪が降りしきっています。羽田空港の待合席で4時間、Mさんはメールを送るかどうか悩みました。そして、遅延していたタイ行きの航空機の出発のアナウンスが流れるなか、泣きながら震える人差し指で送信ボタンをポチリ。

すると、3分後に**「どうしたの?」**と彼から返信が!

Mさんからの「どうすれば!?」とのメールに、私は「1週間タイ旅行している間は放置しておきなさい」と指示しました。ここまで彼女を悩ませた彼に、同じ思いを味わって反省してほしかったのと、彼女の存在をどうとらえているか整理してほしかったのです。

そして1週間後。帰国したMさんから、メールではなく電話で彼へ連絡を入れてもらいました。その結果、プロポーズを受け1か月後にはゴールインしたのでした。

のらりくらりとつき合っていても前に進まない場合、このようなメールで相手に真剣さを伝えるのは効果的です。でないと、ずるずるといつまでも都合のいい友だちから何も変わりません。「このままなら、もう終わってもいいかな」と思ったときは、ストレートに聞いてみましょう。男女共通で使えます。

また、友だち以上恋人未満が続いているときは、

「これ以上、彼氏候補になれないなら、友だちのままでいい」

と言ってみてください。

相手の本音を傷つくことなく聞けますし、関係性が発展することもあります。

POINT

相手との関係が発展しなくて、どちらかはっきりしたいときは「きっぱりお断りメール」で相手の気持ちを確認しよう。

互いの関係性を高める「未来予想図法」

相手の直してほしいところを指摘すると怒られそう。どうすればいい？

相手の悪いところを改善してほしいときは、事実に「感情＋未来形＋期待値」をセットで伝える

完璧な人間は存在しません。つき合う時間が経つにつれ、好きになった相手にも粗が見えて、直してほしいと感じるのは普通のことです。しかし、「過去と他人は変えられない」とはよく言ったものですが、相手に悪いところを伝えるのは至難の業です。

特に、好きだからこそ直してほしいという思いが前提だとしても、相手に指摘をすると、嫌われかねません。そこで、ここでは上手に指摘する方法を伝授します。

まず、覚えておいてほしいルールその1。**「過去のことを指摘するのは厳禁」**です。

×「いつも遅刻するよね」
×「前にも言ったよね」
×「何回言ったらわかるの」

ルールその2は、**「自分の気持ちを交えて、相手に直してほしい点を伝える」**です。自分が嫌だと感じていることを主語を私にした「Iメッセージ」を使って伝えましょう。「あなたは○○な点がダメ」という事実のみを指摘してはキツすぎて、相手から拒絶されかねません。

×「(あなたは) いつも遅刻するよね」
○**「(私は) 時間を守ってもらえると嬉しい」**
×「(あなたは) 約束守らないよね」

○「言ったことをやってくれたら（私は）助かる」

人は好きな人の期待に応えたいものなので、あなたが喜ぶならやってみようか、と受け止めてもらえる形式でぜひ提案してみてください。

ルールその3、**「相手の悪いところは『未来形＋期待値』で伝える」**です。

○「（私は）時間を守ってもらえると嬉しいし、もっと仕事の評価が上がると思う」

○「言ったことをやってくれたら（私は）助かるし、みんなも喜ぶよ」

悪い点を指摘していながらも、自分のことを思ってくれている発言は、アドバイスとして受け止めてもらえます。さらに、相手に変わってもらうことを要求するなら、言いっ放しではなく、その点について責任を持つことを明言すると相手は腹が決まります。

◎「何かあったら私が責任を取るから、やってみて」

◎「私はあなたのことを見捨てない、一生ついていくよ」

この言葉はプロポーズでも使えるほどのパワーがあります。相手との信頼関係を深めるのにこれ以上の言葉はありません。３つのルールはどれもこれまでお伝えしてきた内容です。

最後の２つの例は、そうそう言えるものでもなく、最上級と言っても過言ではありません。ここまで言える覚悟があれば、もう心配はいりませんね。

POINT

悪いところを指摘するなら「感情＋未来形＋期待値」で！ これに責任が加わると、もうプロポーズそのもの！

ここまで来たから最強のモテフレーズを教えてください！

あいさつ言葉は最強にして最悪。使い方を間違えなければ、最高にモテる！

朝になったら「おはよう」、夜になったら「おやすみ」とあいさつすることは、誰もが小さい頃から叩き込まれているマナーです。ところが、メール上では、この気軽なあいさつが取り扱い注意案件となります。

気軽に乱発した場合に、嫌われる原因になりかねないことを覚えていてください。

話のきっかけとなると思って、ついつい送ってしまいがちなあいさつメール、しかし2、3回会った程度の人から送ってこられると、「え？　怖い。監視されてる？」と女性にドン引きされかねません。「おやすみ」＋自撮り画像のメールだったら、恐怖度アップです。

男性でも、お互いのことをよく知らないうちは、「朝の忙しい時間に面倒くさいな、用件は何？」と受け取りがちです。

しかも、このあいさつメールでやっかいなところは、ただあいさつするだけでは気恥ずかしいのか「おはよう」の後に、マイナスの言葉を足してしまう人が多いというところ。

× 「おはよう、今日も天気悪いね」

× 「おはよう、仕事大変だよ～」

× 「おはよう、花粉がキツいね」

マイナスの言葉が含まれたメールを受信すると、清々しい朝からテンションが下がってしまいます。すると、受け取った側が「この人は元気を奪う人だ」という意識が働き、マイナスのタグ付けをされてしまいます。

どうしても「おはよう」を送りたい場合には、後ろに元気になれるような、受け取って嬉しいプラスの言葉を足してください。

○「おはよう、天気が良くて気持ちいいね」

○「おはよう、仕事ノッてるね」

○「おはよう、花粉に負けるな」

同様に「おやすみ」を送るときにも細心の注意が必要です。リラックスして眠りにつこうというときに、刺激を与えたり、脳を動かさなければならないような面倒くさい質問や相談のメールを送ると、マイナスのタグ付けをされかねませんよ。

女性からの「おやすみ」メールは浮気していないかの確認作業

知り合って日が浅いうちに乱発するのは厳禁となるあいさつメール。面倒に感じているなら、たとえば「おはよう」メールが来たら、時間をズラして昼に送り返す、「おやすみ」メールには翌日に返信するといった具合に、相手に違和感を感じさせて、朝や夕方のメールのしにくい時間帯にメールを送ってこさせないよう、けん制するというのも手です。

逆に、相手からのあいさつメールを負担と感じないようになっていれば、関係がうまくいっているとみなしてよいでしょう。

ちなみに、女性から男性への「おやすみ」メールは、相手が浮気をしていないかの確認で行われていることがほとんど。既読にならない場合には相手の頭のなかは悪い想像でいっぱいです。そんなときに彼女の疑惑を吹き飛ばす対応方法を伝授しましょう。

「昨日の夜、返事なかったけれど、何していたの？」

× 「見落としていた」
× 「気づかなかった」
× 「時間がなかった」
× 「携帯の電池が切れていた」
↓どれも、疑念を膨らませます。

○「俺のこと気にしてくれているの？」
○「えっ？　何で気になるの？」
↓ケンカになることを防げます。

さらに上手なのは、

「心配させてごめんね」

「ごめんね、返事できなくて」

という謝る言葉を枕に置くというテクニック。

理由だけを答えても女性というものは納得してくれないと諦めて、言い訳をする前に枕詞を使いましょう。

相手の満足スイッチをプッシュする、上手な「おやすみ」メールの書き方

あいさつメールが互いに無理なくやりとりできている場合、関係が良好であると見ていいとお伝えしましたが、さらにうまくいくためのもうひと押しをします！

男性が女性に送る場合に、

「○○ちゃんと話していると、もっと話したくなるんだけど、そろそろ遅いからおやすみ」

「○○ちゃんとメールして、いい夢が見られそう。おやすみ」

と、お相手のおかげで気持ちが和らいだことを入れると、女性の自尊心が満たされます。

相手の満足スイッチをプッシュすることを心がけていきましょう。

POINT

「おはよう」と「おやすみ」は使い方次第で最強のモテフレーズに変わる！

そうは言っても、どうしても「好き」と言えないんです……

女性には「ごめん」が「好きです」と聞こえる

浮気していないか探っているときに送られてくる「おやすみ」メールへは、「ごめん」など枕詞を付ければ疑惑から逃げられると、先ほどお伝えしました。

女性にとって「ごめん」は気遣いや好意を示す言葉で、「自分が大切に扱われている」度合いを測るバロメーター。ですから、ごめんと言われれば言われるほど、女性はこの人は私を大切に思っているんだわ！と受け止めてくれます。

男性にとっては負けを認める、謝罪を示す言葉である「ごめん」が、女性には「好きです」と伝わるのです。

意味もないのに謝るのは嫌だと思われるかもしれませんが、これが意外と使えます。「ごめん」のあるのとないのとでは、どちらのお願いが女性に受け入れてもらえやすいか、見てみましょう。

× 「今日少し会える？」

○「ごめん、今日少し会える？」

× 「飲みすぎだよ」

○「ごめん、飲ませすぎたね」

ほかにも「急に誘ってごめん」「忙しいところごめん」など、語尾につけるだけで、女性には大切にしてもらっているふうに受け取ってもらえます。使える言葉なので、ぜひ取り入れてくださいね。

POINT

「ごめん」は謝罪のフレーズだけど、女性には「好き」と聞こえるから、どんどん使って！

まとめ

トラブルを味方にする「アクシデント返し法」

- 約束がかぶっても、ウソはダメ。誠実に話すのがいちばん
- 予定変更の場合、相手に決めてもらうことでうまくいく
- 怒りメールの文頭に、「好きだから悲しいの」をつけて解釈
- 怒られた理由がわからないなら、「ごめんねサンドイッチ」
  1.謝る　2.相手の感情を立てる
  3.自分の責任を認める　4.今後の対策　5.謝る
- 本気で怒られているときは、「そっくりコピペ法」で回避
  1.相手の話した「事実」をそのまま返す
  2.相手が話した「感情」をそのまま返す
  3.自分なりの言葉で置き換えて要約し、確認する

相手の反応が冷たく感じるときの「割り切りヘルプ法」

- メールが急に来なくなったときに使える「助けてメール」
- 今どこにいるのかを聞きたいなら、自分の居場所を伝えて
- 関係が進展しないときには、「きっぱりお断りメール」

互いの関係性を高める「未来予想図法」

- 相手の悪いところを直してほしいいときは、
  「感情」＋「未来形」＋「期待値」を伝える
- あいさつ言葉には必ず、プラスの言葉を添える
- 女性からの「おやすみメール」には、満足スイッチを押す
- 女性に「ごめん」と伝えると、「好きです」に変換される

おわりに

最後まで、『モテるメール術』をお読みいただきありがとうございました。

本書は最初から読んでも、気になる章や目に留まった見出しの項目から読んでも、すぐに実践して使える例題をたくさん入れて書きました。

ぜひカバンに携帯していただき、〝恋愛を好転させる手引書〟として、「こんなときはどうすればいいんだっけ？」とリアルに使っていただいたり、困っているお友だちに教えてあげたり、時間のあるときはゆっくりカフェで読み込んでモテメールを脳にインストールするなど、さまざまな形で活用していただければ幸いです。

恋愛を加速させるためのモテるメール術には細かい文章テクニックがたくさんありますが、本書を読んでいただいた方は、一番大切なのは相手に優しさや思いやりを届けることだとおわかりになったと思います。

ただ、この純粋な思いを相手に伝えることが、いろいろな場面や状況によってなかなかできないのも事実なのです。

ですから、好きな人とのメールのやりとりは、時には泣きそうになることも、つらいことも、腹が立つことも、思い通りにいかないで途方に暮れることなど、たくさんあります。

そのときに役に立つのが、本書の文章術だと思っています。

私もそうでしたが、文章というのは書き慣れていないと、最初は本当にぎこちないものです。相手に送ったメールの文章が真逆に取られてしまい、まったくの逆効果になり落ち込んだりすることも多いと思います。

それでも相手にメッセージを送るという行為はやめないでください。行動すれば次の明るい現実が待っているのです。ぜひあなたからたくさんのメッセージを発信してください。本書がそれをしっかりサポートします。

少子化、婚姻率の低下、離婚率の上昇などが問題視されているなか、メールを中心とした文章でのやりとりの重要性は今後、さらに増していきます。それらの問題を少しでも解消できたらと願ってやみません。

最後になりましたが、本書を書くにあたり、心理学でお世話になった棚田克彦先生や、私の脳内を整理していただいた脳科学人材育成コンサルタントの石川大雅先生、そして、本書の執筆にあたり編集者・武井康一郎さん、友野その子さんに本当に感謝しています。武井さんには打ち合わせのたびに、全身全霊でぶつかっていただき、歯に衣着せぬ激しいダメ出しに何度も心が折れましたが、そのおかげで本当に良い本になりました。そして私の大切な初めての著書をダイヤモンド社様から出版させていただくことができました。本当に本当に心から感謝しています。

たくさんの方に支えていただき本書を上梓できたことも奇跡だと思っています。

最後に温かく、どんなときでも味方になってくれる私の愛すべき家族と両親に感謝します。

本書があなたのモテる人生のスタートになりますように。あなたに愛と感謝を込めて。

2016年12月

白鳥マキ

［著者］
白鳥マキ（しらとり・まき）
結婚コンサルタント、美容経営コンサルタント
幼少期より病弱で入退院を繰り返し、子どもの頃に読んだ本は3000冊超。薬の副作用で小学6年生のときに体重70キロに。モテないなりに恋愛に勤しむが、「マキは会っているときよりも日記のほうがかわいいね」のひと言で一念発起、23キロのダイエットに成功し、コンプレックスを克服する。20歳の頃、大阪でミス着物、全国でミス着物の女王の入賞を果たしたり、大阪で福娘に選ばれたりするなか、人を惹きつけるスピーチを習得し、大勢のなかから選ばれる極意を学ぶ。
松下電器産業株式会社（現・パナソニック株式会社）に入社し、主にクレーム対応を担当。お客様のフォローをするうちに、連絡するタイミングや相手を落とす文章術を磨く。その後、大手化粧品メーカーに転職、全国トップ10セールスに入り、全国ミリオンセールス大賞を受賞する。
エステ業界で26年のキャリアを積み、全国13店舗の経営、コンサルティングに携わる。サロン業務では、お客様心理を教え、トップカウンセラーを育てる。
サロンでの恋愛相談が増えていき、東京・大阪・名古屋にて、Change Me 結婚相談所を開設。1年以内に90％が成婚につながるオリジナルのメール術で一躍人気に。婚活、恋愛のカウンセリングの数は1万2000人を超え、カウンセリング予約は半年待ち。歯に衣着せぬズバッとした語りが好評を博し、全国で婚活セミナーを開催、受講者数は3000人を超える。
結婚評論家として、日本テレビ「今夜くらべてみました」や関西テレビ「よ～いドン！」、雑誌「美ST」ほか、ラジオ、新聞など多数のメディアに出演。

モテるメール術

2016年12月8日　第1刷発行

著　者――白鳥マキ
発行所――ダイヤモンド社
〒150-8409　東京都渋谷区神宮前6-12-17
http://www.diamond.co.jp/
電話／03·5778·7232（編集）03·5778·7240（販売）

装丁――水戸部功
本文デザイン――大谷昌稔
編集協力――友野その子
製作進行――ダイヤモンド・グラフィック社
印刷――加藤文明社
製本――加藤製本
編集担当――武井康一郎

ISBN 978-4-478-10154-4